专用于国家职业技能鉴定

国家职业资格培训教程

核设备无损检测工

泄漏检测

中国核工业集团有限公司人力资源部
中国核能电力股份有限公司
组织编写

中国原子能出版社

图书在版编目(CIP)数据

核设备无损检测工. 泄漏检测 / 中国核工业集团有限公司人力资源部，中国核能电力股份有限公司组织编写 . —北京：中国原子能出版社，2021. 3
国家职业资格培训教程
ISBN 978-7-5221-1294-7

Ⅰ. ①核…　Ⅱ. ①中…②中…　Ⅲ. ①核设施-无损检验-泄漏检测-技术培训-教材　Ⅳ. ①TL75

中国版本图书馆 CIP 数据核字(2021)第 045140 号

核设备无损检测工　泄漏检测

出版发行　中国原子能出版社(北京市海淀区阜成路 43 号　100048)
责任编辑　刘东鹏
责任校对　冯莲凤
责任印制　赵　明
印　　刷　保定市中画美凯印刷有限公司
经　　销　全国新华书店
开　　本　787 mm×1092 mm　1/16
印　　张　10. 875
字　　数　272 千字
版　　次　2021 年 3 月第 1 版　2021 年 3 月第 1 次印刷
书　　号　ISBN 978-7-5221-1294-7　　**定　价　78. 00 元**

网址：http://www.aep.com.cn　　**E-mail：atomep123@126.com**
发行电话：010-68452845

国家职业资格培训教程

核设备无损检测工
泄漏检测

编审委员会

主　任　余剑锋

副主任　祖　斌

委　员　王安民　赵积柱　陈　桦　顾　健
霍颖颖　陈璐璐　周　伟　周汇东
聂　勇　蔡家藩　李　姝　陈　昱
张士军　刘玉山　何　石

主　编　聂　勇　杨崇安

编　者　李宜全　高　谊　刘轶群

主　审　李祝松

审　者　周汇东　蔡全旺　沈德贵

前　言

为推动核行业特有职业技能培训和职业技能鉴定工作的开展，在核行业特有职业从业人员中推行国家职业资格证书制度，在人力资源和社会保障部的指导下，中国核工业集团有限公司人力资源部组织有关专家编写了《国家职业资格培训教程——核设备无损检测工》(以下简称《教程》)。

《教程》以国家职业标准为依据，内容上力求体现"以职业活动为导向，以职业技能为核心"的指导思想，紧密结合实际工作需要，注重突出职业培训特色；结构上针对本职业的职业活动的领域，按照模块化的方式，针对核设备无损检测工职业领域特点，分别按超声、射线、涡流、泄漏、磁粉、渗透、目视七种无损检测方法各自成册。《教程》中的章对应于职业标准的"职业功能"，节对应 "工作内容"；每节包括"学习目标""生产准备""工艺操作"及"自检"等单元，涵盖了职业标准中的"技能要求"和"相关知识"的基本内容。此外，针对职业标准中的"基本要求"，还专门编写了《核设备无损检测工(基础知识)》一书，内容涉及：职业道德、专业基础知识、安全文明生产与环境保护知识、金属材料加工工艺及典型缺陷特征、质量管理知识和相关法律、法规知识等。

《教程》适用于核设备无损检测工的初级、中级、高级、技师、高级技师培训，是核设备无损检测工职业技能鉴定的指定辅导用书。

《教程》由聂勇、杨崇安、蔡军、周大禹、余荆生、夏建文、王卓巍、卢威、张运平、张涵、左畅、董兴、余自力、刘轶群、曾玉华、陈霞、黄晓锋、陈胜宇、李宜全、高谊、岳晓明、吕为、帅军、王金龙、吴海林、刘波、潘越峰等编写，由李祝松、周汇东、蔡全旺、沈德贵审核。《教程》由核动力运行研究所、中核建中核燃料元件有限公司和中核北方核燃料元件有限公司负责编写，核动力运行研究所统稿。

由于编者水平有限，时间仓促，加之科学技术的发展，教材中不足与错误之处在所难免，欢迎提出宝贵意见和建议。

中国核工业集团有限公司人力资源部
中国核能电力股份有限公司

目　录

第一部分　泄漏检测的物理原理及技术基础

第二部分　核设备泄漏检测操作技能

第三部分　核燃料元件泄漏检测操作技能

第一部分　泄漏检测的物理原理及技术基础

学习目标：

初级工：了解核设备泄漏检测相关术语和常用符号；压力表、真空表、真空泵、标准漏孔、失踪气体和检测设备的基础知识和使用方法；熟悉核设备常见缺陷及显示的基本知识、记录要求；掌握仪器、真空设备、加压设备、标准漏孔的使用和操作知识。

中级工：了解仪器、真空设备、加压设备、标准漏孔的使用和校验知识；熟悉核设备泄漏检测的相关要求，了解无损检测方法原理和工艺，及相关显示的初步判定；掌握无损检测报告单的格式和填写要求。

高级工：了解检测工艺卡的编制要求、核设备相关无损检测标准和规范；了解检测系统的工作原理和操作方法；了解缺陷产生机制、特征与评定方法；熟悉检测数据处理和分析；掌握质量分级的规定、报告的编制要求。

技师：掌握核设备检测规程的编写要求，了解相关仪器设备的工作原理；了解检测仪器校验规程的编写；熟悉无损检测报告、培训教材的编写；熟悉自动化检测设备的原理及结构，及编写自动化检查设备维护保养规程。

高级技师：掌握泄漏检测规程的编制，熟悉泄漏检测的验收标准；熟悉自动化检测设备设计规范，能分析判断故障原因；熟悉核设备制造工艺；熟悉检测仪器、真空设备、加压设备、标准漏孔的相关知识；具有检测可靠性的分析评定能力；了解无损检测的新技术、新知识和新工艺。

第一章　泄漏检测的物理基础

泄漏检测在行业中简称为检漏。通常所述的检漏一般指用一定的手段将示漏物质加到被检设备或密封装置器壁的一侧，用仪器或某一方法在另一侧怀疑有泄漏的地方检测通过漏孔漏出的示漏物质，从而达到检测的目的。

泄漏检测技术中所指的“漏”的概念，是与最大允许泄漏率的概念联系在一起的。泄漏是绝对的，不漏则是相对的。对于真空系统来说，只要系统内的压力在一定的时间间隔内能维持在所允许的真空度以下，这时即使存在漏孔，也可以认为系统是不漏的；对于压力系统来说，只要系统的压力降能维持在所允许值以下，不会影响系统的正常操作，同样也可以认为系统是不漏的。

检漏的任务就是在制造、安装、调试过程中，判断漏与不漏、泄漏率的大小，找出漏孔的位置；在运转使用过程中监视系统可能发生的泄漏及其变化。

许多核安全设备在制造、安装与在役阶段均需要进行泄漏检测。针对不同设备的验收标准、设备特点、检测时机、检查环境，需要选择不同的检测方法。针对核安全设备无损检测的特殊要求及放射性工况，还对人员、检测设备、检测技术提出一定的特殊要求。

核安全设备常用的泄漏检测方法主要有氦质谱泄漏检测法、气泡泄漏检测法和压力变化泄漏检测法等多种检测方法。蒸汽发生器传热管、快堆空气换热器等一回路部件在役期间应用氦质谱泄漏检测，安全壳钢衬里和反应堆换料水池的覆板在建造期间应用真空罩气泡泄漏检测，化学和容积控制系统（RCV）和常规岛发电机组密封性试验均采用压力变化泄漏检测。

第一节　泄漏检测工作原理

检漏方法和仪器很多，根据所使用的设备可分为氦质谱检漏法、卤素检漏法、真空计检漏法等；按照所采用的检漏方法所能检测出泄漏的大小又可分为定量检漏方法和定性检漏方法；根据被检设备所处的状态又可分为压力检漏法、真空检漏法和渗透泄漏检测法。

一、加压泄漏检测法工作原理

将被检件内部充以比外部压力更高的示漏介质，当被检件器壁上存在漏孔时，示漏介质通过漏孔漏出，在被检件外面用适当的方法判断有无示漏介质漏出，从哪里漏出、漏出量多少等，就可以判断有无漏孔，漏孔的位置和大小。

二、真空泄漏检测法工作原理

将被检件内部抽成真空，将示漏气体施于被检件外部，如果被检件器壁上有漏，示漏气体通过漏孔进入被检件内部，利用某种方法将漏进的示漏气体检测出来，从而判断出漏孔的存在，漏孔的位置和大小。

三、渗透泄漏检测原理

渗透泄漏检测就是将含有染料或其他化学物质的渗透剂涂覆在被检件一侧的表面上，若被检件存在穿透性缺陷，渗透剂将在毛细（或压力差）作用下进入缺陷内部并从被检件的另一侧表面渗出，从而发现泄漏源。

第二节　泄漏检测的基础知识

一、泄漏检测的基本术语

泄漏检测的术语很多，国际国内的许多标准对泄漏检测术语已做了严格的定义。这里介绍一些最基本的泄漏检测术语。

（1）标准环境条件—指温度为 20 ℃，相对湿度为 65%，大气压力为 101 325 Pa 的环境条件。

(2) 气体的标准状态—指温度为 0 ℃,压力为 101 325 Pa 的气体状态,用符号 STP 表示。

(3) 漏孔—在压力或浓度差的作用下,使气体从壁的一侧流到另一侧去的孔洞、孔隙、渗透元件或一个封闭器壁上的其他结构。

(4) 通道漏孔—可以把它理想地当成是毛细管的,由一个或多个通道组成的一种漏孔。

(5) 薄膜漏孔—气体通过渗透穿过薄膜的一种漏孔。

(6) 标准漏孔—在规定条件[入口压力为 100(±5%)kPa,出口压力低于 1 kPa,温度为(23 ℃±7 ℃)]下对干燥空气(露点温度低于−25 ℃)的漏率是已知的一种校准漏孔。

(7) 虚漏—检漏时,造成漏气假象的一些现象,如气体或蒸气的放出引起压力增加的现象。

(8) 实漏—气体通过装置上的漏孔或材料晶格从高压侧流到低压侧的现象,它包括漏气与渗漏。

(9) 检漏—寻找漏气部位及测量漏率大小的过程。

(10) 漏率—在规定条件下,一种特定气体通过漏孔的流量。

(11) 示漏(探索)气体—用来对被检件进行检漏的气体。

(12) 本底—在没有注入示漏气体时,检漏仪给出的指示值。

(13) 噪声—在规定周期内本底比较迅速的最大变化值,又叫本底噪声。

(14) 检漏仪—用来检测漏孔位置及漏率大小的仪器。

(15) 最小可检信号—检漏仪能分辨出的信号的最小值。它取决于仪器本底噪声的大小。当噪声明显可读时,最小可检信号为一倍的噪声值;当噪声读不出时,最小可检信号为输出指示最小可分辨的读数。

(16) 检漏仪的最小可检漏率—当存在本底噪声时,将仪器调整到最佳情况下,纯示漏气体通过漏孔时检漏仪所能检出的最小漏率,也就是最小可检信号所代表的漏率值。

(17) 有效最小可检漏率—被检设备与检漏系统连接后,检漏仪和检漏系统在具体的工作条件下,纯示漏气体通过漏孔时检漏仪所能检出的最小漏率。

(18) 反应时间—从示漏气体施加到漏孔进气端开始,到检漏仪输出指示的净偏转值达到最大漏气信号的 63%所经历的时间,用 τ 表示。

(19) 清除时间—从漏孔进气端停止施加示漏气体开始,到检漏仪输出指示的净偏转下降至最大漏气信号的 37%所经历的时间,用 τ 表示。

二、漏率及其单位

表示漏孔大小的最直观的方法有两个,一是漏孔的几何尺寸,二是单位时间内流过漏孔的气体的质量或分子数。由于我们研究的漏孔是极其微小的,实际漏孔的截面形状极不规则,漏气路径也各式各样。因此,漏孔的大小既难以用它的几何尺寸来度量,也难以直接测量气体的质量和分子个数。那么用什么方法表示漏孔的大小呢?由理想气体状态方程:

$$PV=\frac{m}{M}RT \tag{1-1}$$

可知:

$$m = PV\frac{M}{RT} \tag{1-2}$$

式中：R——摩尔气体常数；

M——气体的摩尔质量，也是常数。

当 T 一定时，$\frac{M}{RT}$ 项为常数。因此，对应某一质量 m 就有确定的 PV 值。即气体的质量 m 可以用气体的压力与体积的乘积 PV 值来表示，PV 值又称为气体量。而 P、V 的测量却是非常方便的。这样，漏孔的大小就可以用单位时间内流过漏孔的气体量来表示，单位时间内流过漏孔的气体量叫做漏率，以 Q 表示。即：

$$Q = PV\frac{\mathrm{d}(PV)}{\mathrm{d}t} \tag{1-3}$$

我国法定的漏率单位为 $\mathrm{Pa \cdot m^3/s}$。美国真空协会推荐漏率单位使用 mol/s。

三、常用标准漏孔

根据漏气元件的“漏气”机制，标准漏孔可以分为渗透标准漏孔和通道型标准漏孔两大类。

1. 渗透标准漏孔

渗透标准漏孔是利用某些物质对某种气体有高的渗透性这一特性而制造的。其漏孔元件由玻璃、塑料、合成橡胶、金属等材料制造，一般只能允许一种或几种气体通过。应用最多的是渗氦型漏孔，它是利用氦气对石英及大多数玻璃有高的渗透性这一特性。它有一个封闭的或再充式的气室，它只能让氦气通过。

2. 通道型标准漏孔

通道型标准漏孔它的漏孔元件是物理节流的漏气通道，如金属毛细管、拉伸的玻璃毛细管、金属压扁管、粉末烧结和微孔板等，所以又称通道型标准漏孔。物理漏孔对所有气体成分都能通过。因此气室中必须使用纯气体，以便得到所要求的气体的漏率。

第三节 物理基础

一、理想气体基本定律

1. 理想气体的基本假设

为了建立气体分子运动理论，需要对客观气体分子进行一些假设来限定，这些经过限定了的气体便称为理想气体，其假设条件如下：

(1) 气体分子的体积与其活动空间相比是微不足道的。在考虑分子的运动时，可以将分子看成几何点。

(2) 分子之间没有相互作用力。除了碰撞之外，每个分子的运动是完全独立的，不受其他分子的影响。

稀薄气体与理想气体很接近，因此在真空技术中完全可以应用理想气体的模型。一般气体当其压力不太高(与大气压相比)，温度不太低(与室温相比)时，都可以看成理想气体，遵守理想气体的基本定律。蒸汽未达到饱和状态之前，也可以看成为理想气体，遵守理想体的基本定律。

2. 气体分子运动论的基本假设

气体分子运动论的基本假设如下：

(1) 任何气体均由大量微小的质点组成。在单一气体中，这些质点是完全相同的。这些质点称为分子。

(2) 分子作永不停息的杂乱无章的热运动，分子虽然很小，但仍然有一定的体积，因此，它们在运动时，不断地相互碰撞，并且与容器壁相碰撞。分子的运动和碰撞服从牛顿定律，可以应用经典力学来处理。

(3) 分子的数量是巨大的，而气体的宏观性质是大量分子微观性质的统计平均值，可以用统计学的方法求出。

气体的压力、温度、密度等宏观特性都是大量分子热运动的反映。

3. 玻义耳一马略特定律

一定质量的气体，在恒定温度下，其体积 V 与压力 P 成反比，即体积 V 与压力 P 的乘积为常数。

$$P_1V_1 = P_2V_2 \tag{1-4}$$

4. 盖·吕萨克定律

一定质量的气体，在恒定压力下，其体积 V 与热力学温度 T 成正比，即：

$$\frac{V_1}{T_1} = \frac{V_2}{T_2} \tag{1-5}$$

5. 查理定律

一定质量的气体，在恒定体积下，气体的压力 P 和热力学温度 T 成正比，即：

$$\frac{P_1}{T_1} = \frac{P_2}{T_2} \tag{1-6}$$

6. 阿伏伽德罗定律

同体积不同种类的气体，在同温度同压力下有相同的分子数。例：1 L 氧气和 1 L 氢气在同样的温度、压力下，氧与氢的分子数相等。

阿伏伽德罗常量：在标准状态下，1 mol(摩尔)的任何气体所占有的体积是 22.4 L，其中包含的分子数为 $N_0 = 6.023 \times 10^{23}$ 个，这个数目称为阿伏伽德罗常数。

标准状态：即压力为 101.325 kPa(1 atm)，热力学温度为 273 K(即摄氏 0 ℃)的气体状态。

7. 理想气体的状态方程

一定质量的气体，不管其状态如何变化，它的压力和体积的乘积除以热力学温度，所得之商始终不变，即：

$$\frac{P_1V_1}{T_1} = \frac{P_2V_2}{T_2} \tag{1-7}$$

对于 1 mol 气体，可写出表达式

$$\frac{PV}{T}=R \tag{1-8}$$

式中 R—摩尔气体常数，是气体普适常量即对所有气体均普遍适用的常量。

对于质量为 m，摩尔质量为 M 的气体，则表述为：

$$PV=\frac{m}{M}RT \tag{1-9}$$

式中 R 的单位取决于 P、V、T 所用的单位。在国际单位制中，P 的单位为 Pa，V 的单位为 m^3，T 的单位为 K，则 $R=8.3144\ J/(mol\cdot K)$。

理想气体的状态方程实际上是上述四个定律的概括。

8. 道尔顿定律(分压力定律)

由多种成分组成的气体称为混合气体。混合气体中，各个气体成分单独占有混合气体原有体积时的压力叫分压力。

相互不起化学作用的混合气体的总压力等于各个成分分压力之和，即：

$$P=P_1+P_2+\cdots+P_n \tag{1-10}$$

这个定律称为道尔顿定律。

9. 理想气体的压力，质量和密度

理想气体的压力、质量和密度分别表示如下：

$$P=nkT \tag{1-11}$$

$$m=PV\frac{M}{RT} \tag{1-12}$$

$$\rho=\frac{MP}{RT} \tag{1-13}$$

式中：m——气体的质量，kg；

P——气体的压力，Pa；

n——单位体积中的分子数，个/m^3；

k——玻尔兹曼常数，$k=1.380662\times10^{-23}$ J/K；

T——气体的热力学温度，K；

V——气体的体积，m^3；

M——气体的摩尔质量，kg/mol；

ρ——气体的密度，kg/m^3；

R——摩尔气体常数，$R=8.314$ J/(mol·K)。

二、气体流量和管道流导

1. 气体量

处于平衡状态的理想气体所占有的体积 V 同其压力 P 的乘积称为气体量，用符号 G 表示，单位是 Pa·m^3。

$$G=PV \tag{1-14}$$

由于气体量与温度有关，在使用时必须注明气体温度。

2. 流量

在给定的时间间隔 t 内通过某一截面的气体量除以该时间称为流量，用符号 q 表示，法定计量单位是 Pa·m³/s。

$$q=\frac{PV}{t} \tag{1-15}$$

流量的单位与漏率单位相同。

在稳定流动状态下，单位时间内流过真空系统任一截面的气体流量是相等的，可用流量连续方程来表示

$$q=P_1S_1=P_2S_2=\cdots P_iS_i \tag{1-16}$$

式中　S——抽速，m³/s。

所谓稳定流动状态是指管道任何截面上单位时间内通过的气体量相等，此时管道任何截面的压力也不随时间变化，但管道各个截面上的压力不相等，压力大小与抽速有关。

3. 流导

在等温条件下，气体通过导管或孔流动时，其流量与导管的两规定截面或孔的两侧的压差之比称为流导，用符号 U 表示：

$$U=\frac{q}{P_1-P_2} \tag{1-17}$$

流导的单位是 m³/s。

4. 管道串联的流导

管道串联的总流导的倒数等于各段管道流导倒数之和，即：

$$\frac{1}{U}=\frac{1}{U_1}+\frac{1}{U_2}+\cdots+\frac{1}{U_n} \tag{1-18}$$

5. 管道并联的流导

管道并联的总流导等于各分支管道流导之和，即：

$$U=U_1+U_2+\cdots+U_i \tag{1-19}$$

几根尺寸相同的管道并联时的总流导要大于串联时的总流导。

第四节　真空技术基本知识

一、真空基本方程

真空系统一般由真空泵、真空计、PLC 程序控制系统（可编程序控制器系统）、储气罐（被抽容器）以及其它元件如真空阀门、冷阱等，借助于真空管道，按一定要求组合而成，并具有抽气功能的抽气装置。它的职能是在指定的时间、空间内获得真空，保持真空，确保系统内某项工艺过程或物理过程的实施。典型的真空系统详见图 1-1。

在稳定的流动过程中，通过任一截面的流量是相同的，所以不同截面处的抽速，也就是单位时间流过的气体体积不一样。我们可以得到如下的关系：

$$S_1=\frac{S_0U}{U-S_0}\text{ 或 }S_0=\frac{S_1U}{U-S_1} \tag{1-20}$$

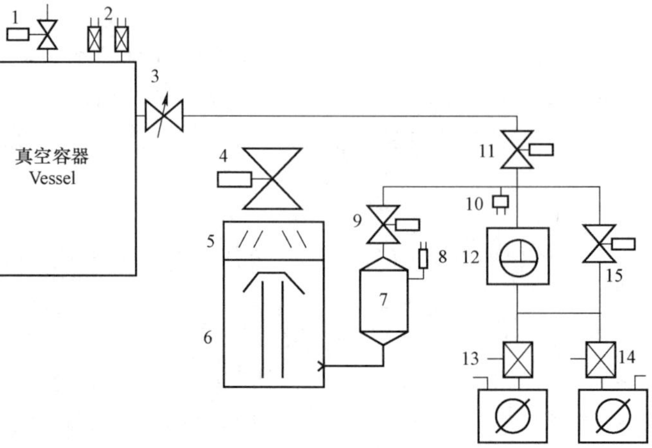

图 1-1 典型的真空抽气系统

以上称为真空基本方程。可见抽速 S_1 的泵通过流导为 U 的管道对真空容器抽气，则有效抽速 S_0 小于 S_1，管道的流导越小，抽速损失越大，这点在设计真空系统时应特别注意。

二、真空系统的组成

真空系统是由真空室(真空容器)和产生真空、测量真空、控制真空等组件组成。产生真空的组件一般包括抽气管路、阀门、真空泵组成的真空机组等。测量真空组件是指真空计。控制真空组件包括水、电和真空测量的控制部件。

真空系统的主要性能参数是：真空室的极限压力，真空室的工作压力，真空室抽气口有效抽速等。

三、真空的获得方法

能够从密闭容器中排出气体或使容器中的气体分子数目不断减少的设备称为真空获得设备或真空泵。在真空获得技术中，目前用以获得真空的技术方法有两种，一种是通过机构的运动把气体直接从密闭容器中排出；另一种是通过物理、化学等方法将气体分子吸附或冷凝在低温表面上。

按真空泵的工作原理，真空泵基本上可以分为两种类型，即气体传输泵和气体捕集泵，为此真空获得的方法主要分为气体输送和气体搜集两种方式，真空获得的方法详见图 1-2。随着真空应用技术在生产和科学研究领域中对其应用压强范围的要求越来越宽，大多需要由几种真空泵组成真空抽气系统共同抽气后才能满足生产和科学研究过程的要求，因此选用不同类型真空泵组成的真空抽气机组进行抽气的情况较多。

四、真空泵的选取

1. 主泵的选取

一台使用方便而又工作可靠的真空系统，关键在于主泵的选取。选取主泵不能只追求某一指标，必须根据使用条件多方面综合考虑。选取主泵的主要依据是：

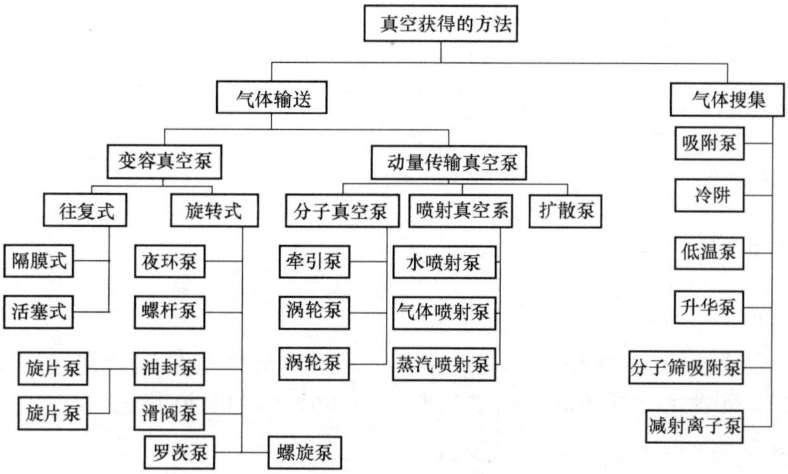

图 1-2　真空获得的方法

(1) 根据真空室空载时要求达到的极限压力确定主泵的类型。通常选取主泵的极限压力要比真空室空载极限压力低半个到一个数量级。

(2) 根据真空室的工作压力选取主泵时，一定要保证真空室的工作压力在主泵最佳抽速的压力范围内。

(3) 由真空室中的最大放气量、系统漏气量及所需要的工作压力来确定主泵抽速。

(4) 考虑被抽气体种类、被抽气体的成分以及气体含灰尘、杂质等情况。

(5) 真空室对污染程度的要求。

(6) 投资及日常维护运转的费用。

2. 前级真空泵的选取

常用的罗茨泵和涡轮分子泵等主泵只有在一定的前级压力下才能起动(如罗茨泵为 1.3×10^{3} Pa，涡轮分子泵为 1.3 Pa)，另外它们排出的气体也必须能及时被抽走，以便维持一定的前级压力，因此必须配置合适的前级泵。选取前级泵的原则是：

(1) 能达到主泵工作所需要的前级压力；

(2) 在主泵允许的临界前级压力下，能将主泵所抽出的最大气体量及时抽走；

(3) 兼作粗抽泵使用的前级泵还应满足粗抽时间及粗抽真空度的要求。

3. 主泵与前级泵的配置关系

(1) 分子泵作为主泵

分子泵作为主泵时，其抽气能力与前级泵的抽气能力有密切关系。分子泵的前级侧需要保持分子流状态，它才能稳定工作。为了保证分子泵前级侧处于分子流状态，通常按以下经验公式(1-21)选取前级泵的抽速。

$$S_2=(2\%\sim10\%)S_1 \tag{1-21}$$

式中：S_1——分子泵的抽速；

S_2——前级泵的抽速。

(2) 罗茨泵作为主泵

罗茨泵作为主泵时，由于罗茨泵的转子与转子、转子与定子之间的间隙较大，所以它对气体的压缩比较小，一般其前级泵要大些。通常可用油封机械泵或水环泵作为罗茨泵的前级泵，前级泵的抽速可根据以下经验公式(1-22)选取。

$$S_3=(10\%\sim20\%)S_1 \tag{1-22}$$

式中：S_1——分子泵的抽速；

S_3——前级泵的抽速。

五、抽气时间计算

1. 抽气时间

从某一压力开始抽气，抽到要求的压力时所需要的时间叫抽气时间。用粗抽泵从大气压抽到另一真空泵或真空系统能开始工作所需要的时间叫粗抽时间。

2. 低真空下漏气量可忽略时抽气时间计算

在低真空下，泵的抽速近似为常量，漏气量很小可以忽略时，真空室从压力 P_1 降到 P 所需要的抽气时间 t：

当流导很大($U>S_P$)时，$S=S_P$，则

$$t=2.3\frac{V}{S_P}\log\frac{P_1}{P} \tag{1-23}$$

流导为 U 时，$\frac{1}{S}=\frac{V}{S_P}+\frac{1}{U}$ 则有

$$t=2.3\left(\frac{V}{S_P}+\frac{1}{U}\right)\log\frac{P_1}{P} \tag{1-24}$$

式中：t——抽气时间，s；

V——真空系统容积，m^3；

S——泵的有效抽速，m^3/s；

S_P——泵的名义抽速，m^3/s；

P——系统经 t 时间的抽气后的压力，Pa；

P_1——系统开始抽气时的压力，Pa；

U——抽气管道的流导，m^3/s。

3. 低真空下漏气量很大时抽气时同计算

在低真空下，泵的抽速近似为常数，漏气量很大不能忽略时，真空室从压力 P_1 降到 P 所需要的抽气时间为：

当流导很大($U>S_P$)时，则 $S\approx S_P$，则

$$t=2.3\frac{V}{S_P}\log\frac{P_1-P_0}{P-P_0} \tag{1-25}$$

流导为 U 时，$\frac{1}{S}=\frac{V}{S_P}+\frac{1}{U}$ 则

$$t=2.3\left(\frac{V}{S_P}+\frac{1}{U}\right)\log\frac{P_1-P_0}{P-P_0} \tag{1-26}$$

式中：P_0——真空室的极限压力，Pa。

4. 影响抽气时间的因素

真空系统所需抽气时间的长短通常与下列因素有关：

(1) 开始抽气时的压力和抽气后要求达到的压力；

(2) 真空泵的实际抽速；

(3) 抽气管道的流导；

(4) 真空系统的漏率；

(5) 在低真空时，真空系统的容积；

(6) 在高真空时，真空系统的材料放气量。

5. 放气对真空系统的影响

(1) 放气

气体从材料中自然的解吸现象称为放气。在真空中放气的主要来源是：

1) 熔炼和铸造过程中，空气中的氢、氧、氮和碳的氧化物会不同程度的熔于材料之中；

2) 材料在大气环境中存放时，表面会吸附大量气体，主要是水蒸气、氧、氮和碳的氧化物等；

3) 材料表面的污染物；

4) 材料本身的非致密性引起的气体渗透。

(2) 放气污染物类型

真空零部件的表面污染物有以下类型：

1) 油脂，即加工、安装、操作时沾染上的润滑剂、真空油脂等；

2) 水滴，操作时的手汗、人的哈气等；

3) 表面氧化物，易氧化材料长期放置在空气(特别是潮湿空气)中所形成的表面氧化物；

4) 酸、碱、盐类物质，清洗时的残余物质、手汗、自来水中矿物质等；

5) 空气中的尘埃和其他有机物。

(3) 放气速率

在给定时间间隔内，从材料中解吸的气体量，除以该时间和该表面面积称为放气速率。常用的放气速率单位为 $Pa \cdot m^3/(s \cdot m^2)$。

放气速率通常和材料中的气体含量成正比，并且是温度和时间的函数，其关系如下：

$$\log q = \log q_0 - a\log t \tag{1-27}$$

$$q = q_0 \exp\left(-\frac{E}{RT}\right) \tag{1-28}$$

式中：q——放气速率，$Pa \cdot m^3/(s \cdot m^2)$；

q_0——常数；

t——时间，s；

E——放气活化能；

R——摩尔气体常数；

T——热力学温度，K；

α——放气速率的衰减系数(一般有机材料 $\alpha=0.5$，金属材料 $\alpha=1$，但也有例外情况)。

由式(1-27)可看出，放气速率是时间的慢变化函数，即时间延长一个数量级，放气速率只降低半个或一个数量级。

因为放气速率与温度有关,必须选用实际使用时温度的数据,如无此数据,则可根据两个不同温度下的数值按式(1-28)进行估算。

已经出过气的材料经长时间暴露在大气中,能重新吸气并恢复原来的状态。经常运转的真空系统,如果只是在两次运转之间短时间暴露于大气的话(如 1 h 以内),则等效为材料已在真空中经历了 10 h 的出气时间。对于经常运转而只暴露于低真空的材料,则可等效于经历了 100 h 的出气时间。

(4) 放气的影响

对一般真空设备来说,材料放气是真空系统最主要的气源,其主要影响如下:

1) 影响真空室的极限压力和工作压力;

2) 有些放气会污染系统,如污染质谱检漏仪的质谱分析室;

3) 在真空机组停止抽气后,造成真空室压力升高;

4) 影响真空泵的性能和寿命。

(5) 减少放气影响的措施

为使真空系统在较短的抽气时间内达到工作压力,应尽可能减少放气的影响,为此可采取如下措施:

1) 选用放气速率低的材料制作真空系统的零部件。不锈钢、铝、玻璃是最适于高真空、超高真空中用的材料;

2) 采用喷砂、机械抛光、电化学抛光等表面处理措施,减少材料放气面积和清除污染物;

3) 采用三氯乙烯、四氯化碳、丙酮、汽油、乙醚等有机溶剂或碱液等化学清洗方法,以及电化学清洗、超声波清洗方法清除污染物;

4) 系统抽气时,采用烘烤方法加速材料放气;

5) 操作时尽可能注意缩短真空系统暴露于大气的时间;

6) 真空系统停止运转时,应在真空状态下保存。

(6) 放气速率测定

在关闭抽气阀门,停止抽气后真空容器的压力升高,主要是因放气和漏气引起。如果漏率已知或漏率远远小于放气速率,就可以通过测定该真空容器的压力升高率计算出放气速率。放气速率的计算公式如下:

$$V=\left(\frac{P-P_0}{t}V-Q\right)/S \tag{1-29}$$

式中:q——真空容器的放气速率,$Pa \cdot m^3/(s \cdot m^2)$;

P_0——测量前容器的本底真空度,Pa;

P——经过 t 时间后容器的真空度,Pa;

t——测量时间,s;

V——真空容器的容积,m^3;

Q——真空容器的漏率,$Pa \cdot m^3/s$;

S——总的放气表面积,m^2。

第五节　低压技术基础知识

一、压力表示方法

在表示环境或容器内部压力时，通常用以下几种方法：

（1）绝对压力：以绝对真空为基准，高于绝对真空的压力；

（2）相对压力：以大气压力作为基准所标示的压力。大多数测压仪表所测得的压力都是相对压力，因此也称为表压力；

（3）绝对压力＝大气压力＋相对压力。

绝对压力、相对压力与真空度的相互关系详见图 1-3。

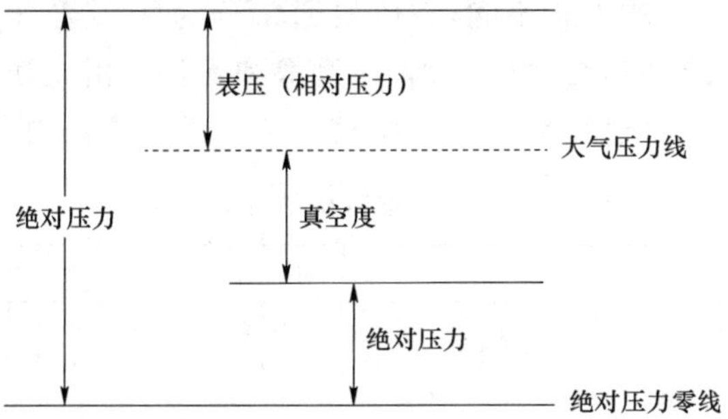

图 1-3　绝对压力、相对压力与真空度的相互关系

二、常用单位

我国法定计量单位制度规定的压力（压强）单位为 Pa。非法定单位有 bar、psi、kg/cm^2。

（1）Pa，1 Pa 是 1 帕斯卡的简称，就是一平方米受到一牛顿的压力。科学的国际单位制一般通用帕斯卡（Pa）为单位，但是在工程里常用 bar，psi。

（2）bar，1 巴（bar）＝100 000 Pa，是压强的单位，早先气象学中常用毫巴。

（3）psi，欧美等国家习惯使用 psi 作单位，psi 英文全称为 Pounds per square inch。P 是磅 pound，S 是平方 square，I 是英寸 inch。1 psi＝6.895 kPa＝0.068 95 bar，1 bar≈14.5 psi。

（4）kg/cm^2，在中国的工程领域，一般把气体的压力用“公斤”描述，具体单位是“kg/cm^2”，1 公斤压力就是 1 公斤的力作用在一个平方厘米上。1 kg/cm^2＝98 066.5 Pa。

1 bar＝0.1 MPa＝100 kPa＝1.019 7 kg/cm^2。

思考题

1. 何谓漏率？漏率的法定单位是什么？当漏孔几何尺寸一定时，影响漏孔漏率大小的主要因素有哪些？

2. 何谓标准漏孔？

3. 检漏灵敏度与仪器灵敏度有什么区别，它们又有什么关系？

第二章　泄漏检测设备与器材

第一节　加压设备

一、空气压缩机

空气压缩机简称空压机，是将自由状态下的空气压缩成具有一定压力能（即压缩空气）的一种机械。按照压缩空气的方式不同，空压机通常分为两大类，一类是容积式，另一类是动力式，按气缸内压缩室给油与否，可分为有油润滑和无油润滑空压机。按照空压机的最终排气压力、容积流量和轴功率进行分类。空压机分类详见表 2-1。

表 2-1　空压机的分类

按最终排气压力		按容积流量		按轴功率	
类型	排气压力/MPa	类型	排气量/(m^3/min)	类型	功率/kW
低压压缩机	>0.2～1	微型压缩机	<1	微型压缩机	<10
中压压缩机	>1～10	小型压缩机	≥1～10	小型压缩机	≥10～100
高压压缩机	>10～100	中型压缩机	>10～100	中型压缩机	>100～500
超高压压缩机	>100	大型压缩机	≥100	大型压缩机	≥500

二、压力表

以大气压力为基准，用于测量小于或大于大气压力的仪表。通用的压力表连接接口一般为 M20×1.5。压力表是充气时不可少的测压仪表，压力表的最佳测量压力为最大量程值的 2/3。因此，要根据被检件充气压力选用合适量程的压力表，不应高压低压都选用同一块压力表。压力表要定期送计量部门校准，并在规定的有效期限内使用，压力表可以直接装在被检件上，也可以装在加压操纵台上，通过管子与被检件相连。

1. 分类

(1) 压力表按其测量精确度，可分为精密压力表、一般压力表；

(2) 压力表按其指示压力的基准不同，分为一般压力表、绝对压力表、差压表；

(3) 压力表按其测量范围，分为真空表、压力真空表、微压表、低压表、中压表及高压表；

(4) 压力表按其组成，分为液柱式，电子式和机械式。

2. 泄漏检测常见压力表

(1) 普通压力表

普通压力表属于指示型压力表，通过仪表盘显示压力的大小，不带远程传送显示、调节功能。普通压力表外观详见图 2-1。

（2）精密压力表

精密压力表的测压弹性元件经特殊工艺处理，使精密压力表性能稳定可靠，与高精度的传动机构配套调试后，能确保精确的指示精度。精密压力表在标度线下设置有镜面环（A型 B 型），在使用中读数更清晰精确。精密压力表外观详见图 2-2。

图 2-1　普通压力表外观

图 2-2　精密压力表外观

（3）压力真空表

压力真空表以大气压力为基准，用于测量大于和小于大气压力的仪表。压力真空表外观详见图 2-3。

（4）数字压力表

普通压力表在测定过程中观察者视线与压力表表盘必须保持垂直。否则会存在视觉误差，且读数存在估读，误差较大。数字显示，不存在视觉误差和估读，内部清洗容易。可靠性高，灵敏性高。数字压力表外观详见图 2-4。

图 2-3　压力真空表外观

图 2-4　数字压力表外观

3. 精确度等级

压力表的精度等级是以它的允许误差占表盘刻度值的百分数来划分的，其精度等级数越大允许误差占表盘刻度极限值越大。压力表的量程越大，同样精度等级的压力表，它测得压力值的绝对值允许误差越大。

（1）经常使用的通用压力表的精度为 2.5、1.5 级；

（2）指针式精密压力表的精度为 0.4 级、0.25 级或 0.16 级；

（3）数字精密压力表的精度等级为准确度（精度）：±0.4%F.S、±0.25%F.S、±0.16%F.S、±0.1%F.S、±0.05%F.S、±0.025%F.S、±0.02%F.S（部分量程）。

4. 压力表量程的选择

（1）测量稳定的压力时，正常操作压力值应在仪表测量范围上限值的 1/2～2/3；

（2）测量脉动压力（如：泵、压缩机和风机等出口处压力）时，正常操作压力值应在仪表测量范围上限值的 1/3～1/2；

（3）测量高、中压力时，正常操作压力值不应超过仪表测量范围上限值的 1/2。

5. 安装取压点的选取

（1）压力表的安装位置应选在介质流速稳定的地方；

（2）测量带有灰尘、固体颗粒或沉淀物等混浊介质的压力时，压力表应倾斜向上安装。在水平的工艺管道上宜顺流束成锐角安装；

（3）在水平和倾斜的工艺管道上安装时，如果是测量气体压力，应安装在工艺管道的上半部。如果测量液体压力，应安装在工艺管道的下半部与工艺管道的水平中心线成 0～45°夹角的范围内。如果测量蒸汽压力时，应安装在工艺管道的上半部及下半部与工艺管道水平中心线成 0～45°夹角的范围内。

三、压力表弯管

压力表弯管又叫压力表缓冲管或冷凝管，是用来连接压力表与压力表测量的设备或管道之间的配件，用来缓冲被测量介质对压力表弹簧管的瞬时冲击，同时可降低被测介质的温度，是对压力表进行保护的装置。压力表冷凝圈的形式有：O 形、U 形等；接头有：M20×1.5-G1/2、M14×1.5-G1/4、G1/2-G1/2 等。压力表弯管部件详见图 2-5。

图 2-5　压力表弯管

四、气体减压阀

在核工业泄漏检测中经常要用到氮气、氦气等气体。这些气体一般都是贮存在专用的高压气体钢瓶中。使用时通过减压阀使气体压力降至泄漏检测所需的范围，再经过其他控制阀门细调，使气体输入使用系统。

1. 气体减压阀的工作原理

最常用的气体减压阀是氧气减压阀，氧气减压阀的外观及工作原理详见图 2-6。氧气减压阀的高压腔与钢瓶连接，低压腔为气体出口，并通往使用系统。高压表的示值为钢瓶内贮存气体的压力。低压表的出口压力可由调节螺杆控制。

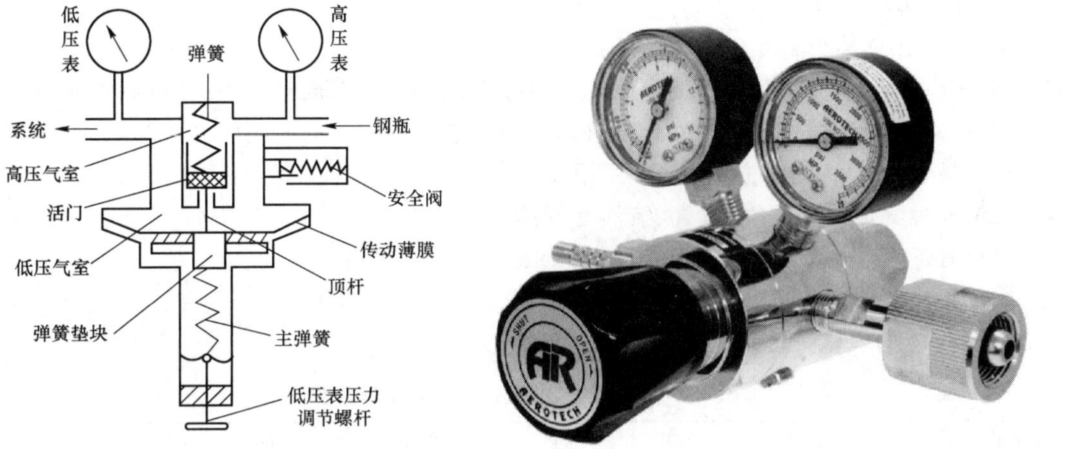

图 2-6　气体减压阀工作原理及气体减压阀外观

使用时先打开钢瓶总开关，然后顺时针转动低压表压力调节螺杆，使其压缩主弹簧并传动薄膜、弹簧垫块和顶杆而将活门打开。这样进口的高压气体由高压室经节流减压后进入低压室，并经出口通往工作系统。转动调节螺杆，改变活门开启的高度，从而调节高压气体的通过量并达到所需的压力值。按使用要求的不同，氧气减压阀有许多规格。最高进口压力大多为 15 MPa，最低进口压力不小于出口压力的 2.5 倍。出口压力规格较多，一般为 0.25 MPa，最高出口压力为 4 MPa。

减压阀都装有安全阀，它是保护减压阀并使之安全使用的装置，也是减压阀出现故障的信号装置。如果由于活门垫、活门损坏或由于其他原因，导致出口压力自行上升并超过一定许可值时，安全阀会自动打开排气。

2. 气体减压阀的使用方法

（1）安装减压阀时应确定其连接规格是否与钢瓶和使用系统的接头相一致。减压阀与钢瓶采用半球面连接，靠旋紧螺母使二者完全吻合。因此，在使用时应保持两个半球面的光洁，以确保良好的气密效果。安装前可用高压气体吹除灰尘。必要时也可用聚四氟乙烯等材料作垫圈。

（2）在打开钢瓶总阀之前，必须仔细检查低压表压力调压阀门是否已关好（手柄松开是关）。切不能在低压表压力调压阀处在开放状态（手柄顶紧是开）时，突然打开钢瓶总阀，否则会出事故。只有当手柄松开（处于关闭状态）时，才能开启钢瓶总阀，然后再慢慢打开调压阀门。

（3）停止工作时，应将减压阀中余气放净，然后拧松调节螺杆以免弹性元件长久受压变形。

（4）减压阀应避免撞击振动，不可与腐蚀性物质相接触。

（5）专用减压阀一般不用于其它气体，氦气减压阀与氮气减压阀不得混用，更不允许氧气减压阀与其他气体减压阀混用。

五、高压气体钢瓶

1. 高压气瓶的分类

高压气瓶，盛装公称工作压力大于或者等于 0.2 MPa（表压），且压力与容积的乘积大于或者等于 1.0 MPa · L 的气体、液化气体和标准沸点等于或者低于 60 ℃液体的气瓶。

气瓶盛装的气体，按其盛装气体的性质可分为四大类：

（1）易燃气体；（如氢气、一氧化碳、甲烷、乙烷、丙烷等气体）；

（2）助燃气体；（如氧气、氟气、氯气等气体）；

（3）有毒气体；（如氯气、二恶英、一氧化碳、光气等气体）；

（4）不燃气体；（如氦气、氖气、氩气、二氧化碳等不燃气体）。

常用气体的气瓶颜色和字样颜色详见表 2-2。

表 2-2 常用气体的气瓶颜色和字样颜色

序号	充装气体名称	瓶色	字样	字色	色环
1	氧气	淡酞兰	氧	黑色	P=20 MPa，白色单环 P=30 MPa，白色双环
2	氮气	黑色	氮	淡黄色	
3	空气	黑色	空气	白色	
4	氦气	银灰	氦	深绿	/

2. 高压气瓶的结构

高压气瓶由瓶体与附件构成。气瓶附件包括专用爆破片、安全阀、瓶帽、瓶阀、易熔合金塞、防震圈、紧急切断和充装限位装置等。气瓶附件是气瓶的重要组成部分，对气瓶的安全使用起着非常重要的作用。高压气瓶的结构详见图 2-7。

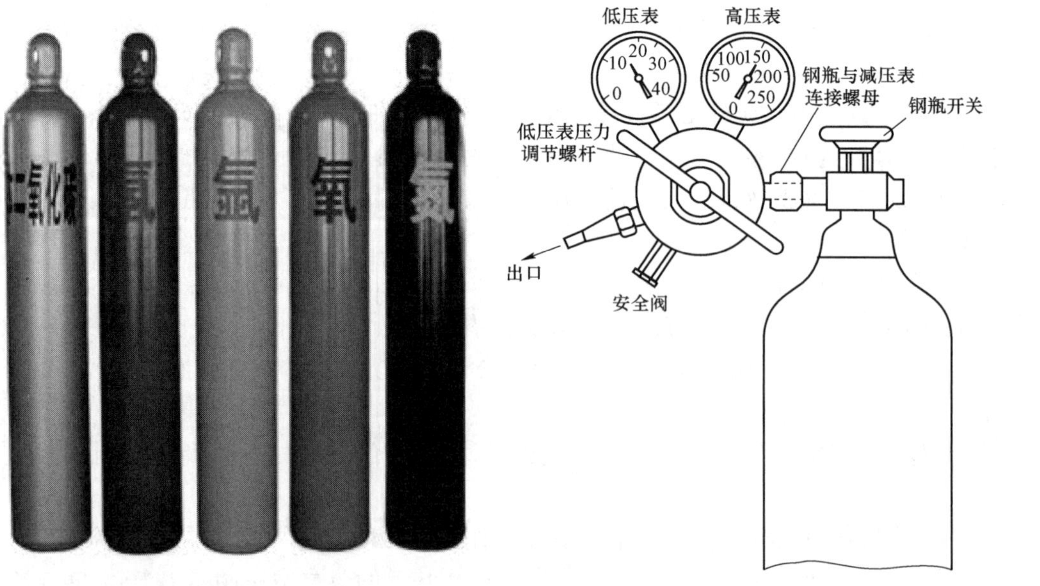

图 2-7 高压气瓶的结构

第二节　真空设备

一、真空泵

1. 真空泵概念

产生、改善和(或)维持真空的装置称为真空泵，至今尚未研制出一种能直接从大气抽至高真空或超高真空范围的泵，各类真空泵按抽气原理可归纳为气体传输泵和气体捕集泵两大类型。

2. 真空泵型号及规格的表示方法

根据中华人民共和国机械行业标准 JB/T 7672—95 的规定，国产各种真空泵是由基本型号和辅助型两部分组成，两者中间为一横线。其表达形式为 123-456。格中数字 123 表示基本型号，456 表示辅助型号。

国产真空泵的型号通常以表 2-3 中的汉语拼音字母来表示。若在拼音字母前冠以“2”字，则表示泵在结构上为双级泵。

表 2-3　常用真空泵的汉语拼音代号及名称

代号	名称	代号	名称
W	往复真空泵	Z	油扩散喷射泵(油增压泵)
D	定片真空泵	S	升华泵
X	旋片真空泵	LF	复合式离子泵
H	滑阀真空泵	GL	锆铝吸气剂泵
ZJ	罗茨真空泵(机械增压泵)	DZ	制冷机低温泵
YZ	余摆线真空泵	DG	灌注式低温泵
L	溅射离子泵	IF	分子筛吸附泵
XD	单级多旋片式真空泵	SZ	水环泵
F	分子泵	PS	水喷射泵
K	油扩散真空泵	P	水蒸汽喷射泵

3. 真空泵的使用范围

由于各种真空泵所具有的工作压强范围及起动压强均有所不同，因此在选用真空泵时必须满足这些要求。表 2-4 给出了各种常用真空泵的工作压强范围及泵的起动压强值，以供参用。

表 2-4　常用真空泵的工作压强范围及起动压强

真空泵	工作压强范围/Pa	起动压强/Pa
活塞式真空泵	$1\times10^5\sim1.3\times10^2$	1×10^5
旋片式真空泵	$1\times10^5\sim6.7\times10^{-1}$	1×10^5
水环式真空泵	$1\times10^5\sim2.7\times10^3$	1×10^5

续表

真空泵	工作压强范围/Pa	起动压强/Pa
罗茨真空泵	$1.3\times10^{3}\sim1.3$	1.3×10^{3}
涡轮分子泵	$1.3\sim1.3\times10^{-5}$	1.3
水蒸气喷射泵	$1\times10^{5}\sim1.3\times10^{-1}$	1×10^{5}
油扩散泵	$1.3\times10^{-2}\sim1.3\times10^{-7}$	1.3×10
油蒸汽喷射泵	$1.3\times10\sim1.3\times10^{-2}$	$<1.3\times10^{5}$
分子筛吸附泵	$1\times10^{5}\sim1.3\times10^{-1}$	1×10^{5}
溅射离子泵	$1.3\times10^{-3}\sim1.3\times10^{-9}$	6.7×10^{-1}
钛升华泵	$1.3\times10^{-2}\sim1.3\times10^{-9}$	1.3×10^{-2}
锆铝吸气剂泵	$1.3\times10\sim1.3\times10^{-11}$	1.3×10
低温泵	$1.3\sim1.3\times10^{-11}$	$1.3\sim1.3\times10^{-1}$

各种常用真空泵的工作压强范围及泵的起动压强值详见图 2-8。

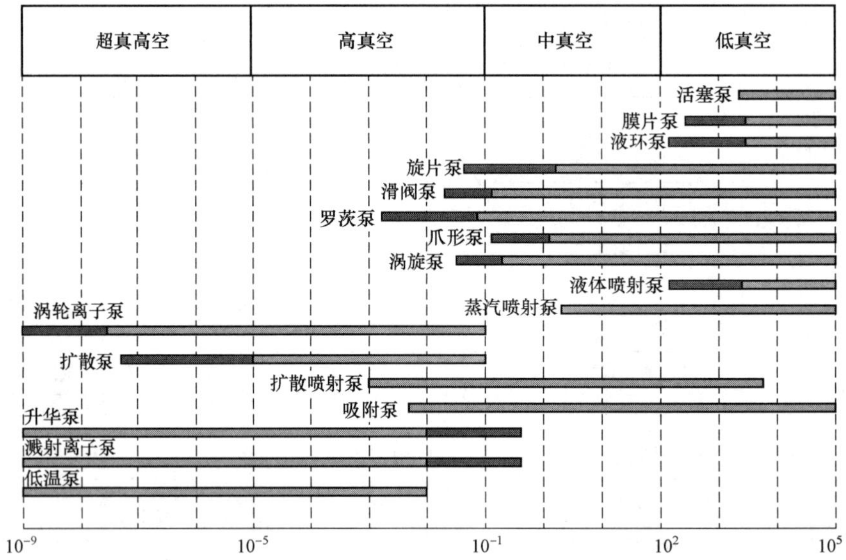

图 2-8 真空泵的压强范围

4. 真空泵按原理分类

各类真空泵按抽气原理可归纳为气体传输泵和气体捕集泵两大类型。

(1) 气体传输泵分类

气体传输泵按原理又可分为以下几类：

1) 机械泵，利用泵腔容积的周期变化使气体压缩和膨胀来完成吸气和排气的泵。如往复(活塞)泵、水环泵、旋片泵、定片泵、滑阀泵、罗茨泵、余摆线真空泵等；

2) 喷射真空泵，利用高速射流的粘滞效应把气体输送到出口的泵。如：液体(水)喷射泵、气体喷射泵、蒸汽(水、油、汞等蒸汽)喷射泵；

3) 扩散泵，利用气体分子扩散到低压高速蒸汽流中而被输送到出口的泵。如：油扩散泵、汞扩散泵，油增压泵等；

4）分子泵，利用气体分子与高速转动的转子相碰撞获得动量而被送到出口的泵。如牵引分子泵和涡轮分子泵。

（2）气体捕集型泵分类

气体捕集型泵按原理分为以下几类：

1）吸附泵，利用具有大表面的吸附剂（如多孔物质）的物理吸附作用来抽气的泵，如分子筛吸附泵；

2）低温泵，利用低温表面捕集气体的泵，如贮槽式低温泵、流程低温泵、小型制冷机低温泵等；

3）吸气剂泵，利用吸气剂以化学结合方式捕集气体的泵，如升华钛泵、蒸发钛泵、锆铝吸气泵、钡吸气剂泵等。

5. *真空泵按功能分类*

真空泵按功能分类如下：

（1）主泵，在真空系统中，用来获得所要求的真空度的真空泵；

（2）粗抽泵，从大气压开始降低系统的压力到另一抽气系统能开始工作的真空泵；

（3）前级真空泵，用以维持另一个泵的前级压力在其临界前级压力以下的真空泵；

（4）低（粗）真空泵，从大气压开始降低容器压力的真空泵；

（5）维持真空泵，在真空系统中，当气体量很小时不能有效地利用主前级泵，为此，在真空系统中配置一种容量较小的辅助前级泵，维持主泵正常工作或维持已抽空容器所需之低压；

（6）高真空泵，在高真空范围工作的真空泵；

（7）超高真空泵，在超高真空范围工作的真空泵。

6. *旋片式真空泵*

旋片式真空泵（简称旋片泵）是一种油封式机械真空泵。其工作压强范围为 101 325～0.013 3 Pa 属于低真空泵。它可以单独使用，也可以作为其它高真空泵或超高真空泵的前级泵。它已广泛地应用于冶金、机械、军工、电子、化工、轻工、石油及医药等生产和科研部门。

旋片泵可以抽除密封容器中的干燥气体，若附有气镇装置，还可以抽除一定量的可凝性气体。但它不适于抽除含氧过高的，对金属有腐蚀性的、对泵油会起化学反应以及含有颗粒尘埃的气体。设备外观详见图 2-9。

图 2-9　旋片式真空泵

旋片泵是真空技术中最基本的真空获得设备之一。旋片泵多为中小型泵。旋片泵有单级和双级两种。所谓双级，就是在结构上将两个单级泵串联起来。一般多做成双级的，以获得较高的真空度。旋片泵的抽速与入口压强的关系规定如下：在入口压强为 1 333 Pa、1.33 Pa 和 1.33×10^{-1} Pa 下，其抽速值分别不得低于泵的名义抽速的 95%、50%和 20%。

旋片泵主要由泵体、转子、旋片、端盖、弹簧等组成。在旋片泵的腔内偏心地安装一个转子，转子外圆与泵腔内表面相切(二者有很小的间隙)，转子槽内装有带弹簧的两个旋片。旋转时，靠离心力和弹簧的张力使旋片顶端与泵腔的内壁保持接触，转子旋转带动旋片沿泵腔内壁滑动。原理详见图 2-10。

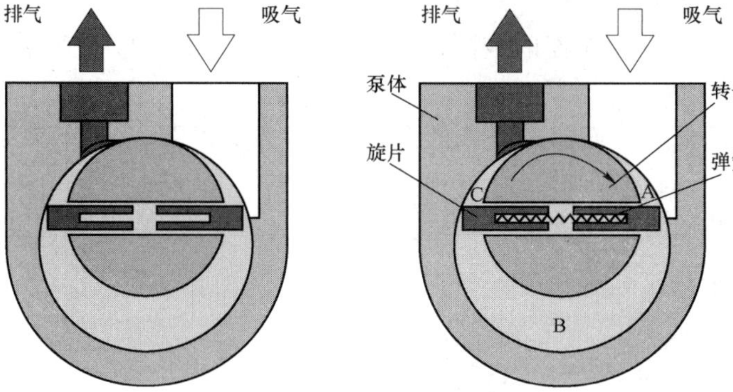

图 2-10 旋片式真空泵原理图

两个旋片把转子、泵腔和两个端盖所围成的月牙形空间分隔成 A、B、C 三部分，如图 2-10 所示。当转子按箭头方向旋转时，与吸气口相通的空间 A 的容积是逐渐增大的，正处于吸气过程。而与排气口相通的空间 C 的容积是逐渐缩小的，正处于排气过程。居中的空间 B 的容积也是逐渐减小的，正处于压缩过程。由于空间 A 的容积是逐渐增大(即膨胀)，气体压强降低，泵的入口处外部气体压强大于空间 A 内的压强，因此将气体吸入。当空间 A 与吸气口隔绝时，即转至空间 B 的位置，气体开始被压缩，容积逐渐缩小，最后与排气口相通。当被压缩气体超过排气压强时，排气阀被压缩气体推开，气体穿过油箱内的油层排至大气中。由泵的连续运转，达到连续抽气的目的。如果排出的气体通过气道而转入另一级(低真空级)，由低真空级抽走，再经低真空级压缩后排至大气中，即组成了双级泵。这时总的压缩比由两级来负担，因而提高了极限真空度。

7. 罗茨泵

罗茨泵是一种无内压缩的真空泵，通常压缩比很低，故高、中真空泵需要前级泵。罗茨泵的极限真空除取决于泵本身结构和制造精度外，还取决于前级泵的极限真空。为了提高泵的极限真空度，可将罗茨泵串联使用。罗茨泵的外观详见图 2-11。

图 2-11 罗茨泵

罗茨泵在泵腔内，有两个“8”字形的转子相互垂直地安装在一对平行轴上，由传动比为1的一对齿轮带动做彼此反向的同步旋转运动。在转子之间，转子与泵壳内壁之间，保持有一定的间隙，可以实现高转速运行。罗茨泵的工作原理与罗茨鼓风机相似。由于转子的不断旋转，被抽气体从进气口吸入到转子与泵壳之间的空间 V_0 内，再经排气口排出。由于吸气后 V_0 空间是全封闭状态，所以，在泵腔内气体没有压缩和膨胀。但当转子顶部转过排气口边缘，V_0 空间与排气侧相通时，由于排气侧气体压强较高，则有一部分气体返冲到空间 V_0 中去，使气体压强突然增高。当转子继续转动时，气体排出泵外。

如图2-12为罗茨泵转子由0°转到180°的抽气过程。在0°位置时(图中a)，下转子从泵入口封入 V_0 体积的气体。当转到45°位置时(图中b)，该腔与排气口相通。由于排气侧压强较高，引起一部分气体返冲过来。当转到90°位置时(图中c)，下转子封入的气体，连同返冲的气体一起排向泵外。这时，上转子也从泵入口封入 V_0 体积的气体。当转子继续转到135°时(图中d)，上转子封入的气体与排气口相通，重复上述过程。180°(图中e)位置和0°位置是一样的。转子主轴旋转一周共排出四个 V_0 体积的气体。

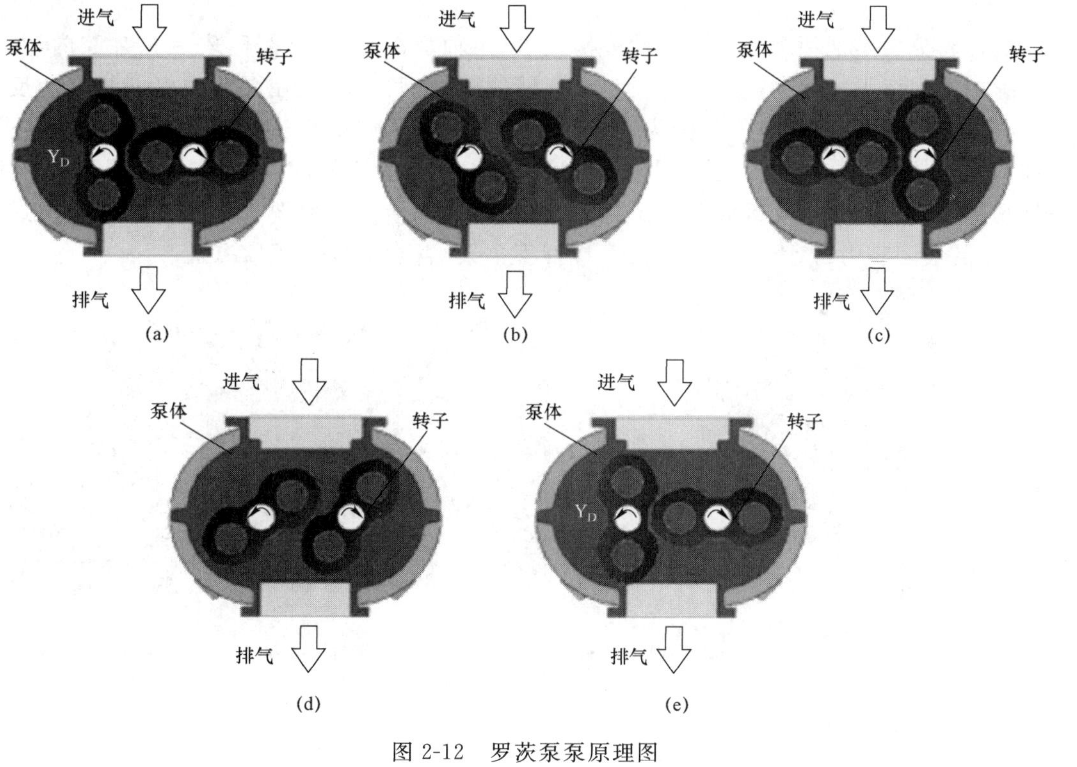

图2-12 罗茨泵泵原理图

罗茨泵目前分为有油和无油两种类型。

罗茨真空泵的特点：

(1) 启动快，耗功少，运转维护费用低；

(2) 抽速大、效率高，对被抽气体中所含的少量水蒸气和灰尘不敏感；

(3) 在100～1 Pa压力范围内有较大抽气速率，能迅速排除突然放出的气体。

8. 螺杆真空泵

螺杆真空泵属于非接触型干式泵，是20世纪90年代初期出现的一种理想的泵种，以其抽速范围宽、结构简单紧凑、抽气腔元件无摩擦、寿命长、能耗低、无油污染等优点。螺杆真空泵外观详见图2-13。

图2-13　螺杆真空泵

螺杆真空泵是把两个经过严格动平衡校正、用轴承做支撑的螺杆，安装在泵腔内，并在两个螺杆之间留下合理的空隙。此设备在运转的时候，两个转子在泵腔内作同步高速反向旋转，由此来产生吸气和排气。因为转子经过严格的动平衡校正，并且两个轮子间也留下了合理的间隙，因此泵工作时，转子不会相磨擦，运转平稳，噪音低，并且工作腔内不需润滑油，消耗功率低，具有节能，免维修等优点，特别适用于要环境及噪音要求比较高的环境。螺杆真空泵，其极限压力可达到0.1～1 Pa。螺杆真空泵结构原理详见图2-14。

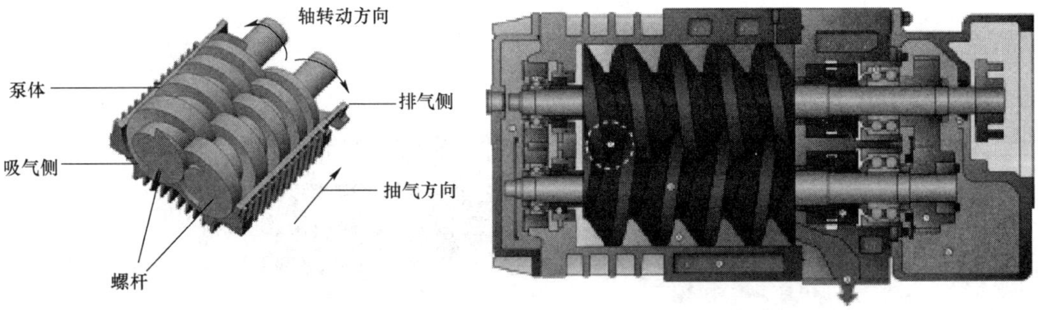

图2-14　螺杆真空泵结构原理示意图

干式螺杆真空泵特点：

(1) 工作腔内无任何介质，可获得清洁真空；

(2) 工作腔及螺杆转子表面有防腐涂层，可适应恶劣工况；

(3) 气体在泵内无压缩，适宜抽取可凝性气体；

(4) 单台泵可从大气抽至1 Pa，真空系统可大大简化；

(5) 水温对真空影响小，节水达90%以上，甚至可以不耗水；

(6) 不耗油，无滴漏；

(7) 旋转部件间无摩擦，可高速运转，整机体积小；

(8) 结构简单，维护方便；

(9) 被抽气体直接排出泵体，不污染水，无环保压力，气体回收更便捷；

(10) 可与罗茨泵、分子泵组成无油机组。

9. 涡旋式干泵

涡旋式干泵采用两个涡旋盘复合成的机械结构，由一个涡旋嵌入另一个涡旋并转动来捕集气体。进入涡旋槽内的气体被移动压缩到涡旋的中心并被排出。涡旋式干泵具有噪音低，震动小，结构简单，运行稳定，维护间隔周期长等优点，而且不易发生可能引起灾难性后果的突发的故障。涡旋式干泵详见图 2-15。

图 2-15　涡旋式干泵

涡旋式干泵工作原理详见图 2-16。

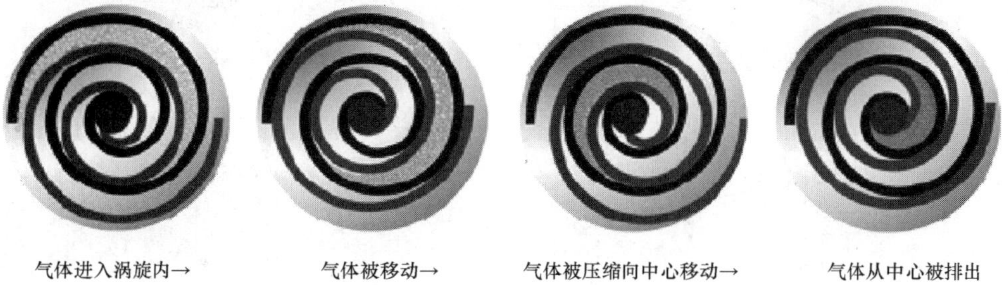

图 2-16　涡旋式干泵工作原理

10. 分子泵

分子泵一般有两种结构形式，一种是由动静叶列组成的涡轮分子泵，一种是由涡轮级加牵引级构成的复合型分子泵。复合型分子泵的特点是使得分子泵高压强区的抽速有所提高，另一特点是使得出口耐压得到提高，因此可以适当减小前级泵的规格，可使用户节省投资。根据分子泵轴承润滑方式不同，分子泵有油润滑、脂润滑两种。一般情况下，油润滑分子泵需竖直安装，脂润滑分子泵可以任意角度安装。分子泵内部结构及外观详见图 2-17。

图 2-17　分子泵内部结构及外观

分子泵是用于对一个封闭的真空腔在分子流及接近分子流区域内抽真空，不使用冷阱或挡板，也可以得到一个较高的真空。它广泛的应用于表面分析、加速器技术、等离子体技术、电真空器件的制造以及真空技术的各个领域。

分子泵只在分子流区域（涡轮泵、复合泵）或接近于分子流区域（复合泵）有抽速（涡轮分子泵连续工作入口压强要求小于等于 1 Pa，复合分子泵连续工作入口压强要求小于等于 5 Pa），且要求前级排气口压强保持在 10 Pa 以下，因此必须配置合理的前级泵。分子泵应用系统图详见图 2-18。

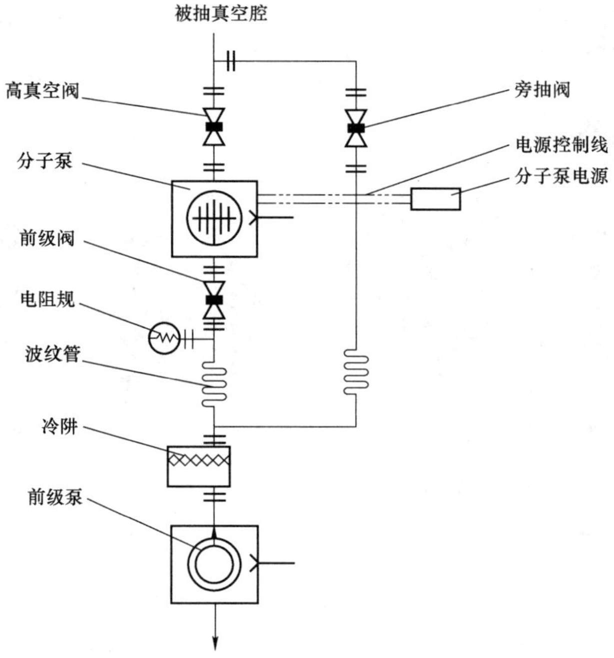

图 2-18 分子泵的应用（真空系统原理图）

二、真空计

真空计是用于测量低于大气压的稀薄气体总压力的仪表，又称真空规。真空计的测量单位沿用压力测量单位，压力的国际单位为帕（Pa），曾使用的单位还有托（Torr）和毫巴（mbar）等。

真空计根据其工作原理可分为绝对真空计和相对真空计，前者是直接测量压力高低的真空计，如 U 形真空计、压缩式真空计；后者是不能直接测量压力的数值，而其能测量与压力有关的物理量，再与绝对真空计相比较进行标定的真空计，如热传导真空计、电离真空计等。相对真空计必须用绝对真空计标定和校准后方能用作真空测量。但它能直接读出被测压力，使用方便，在实际应用中占绝大多数。

按照测量原理不同、利用的不同的物理机制分类，可将主要的真空计分为三大类。利用力学性能的真空计，典型的有波尔登规（Bourdon）和电容薄膜规；利用气体动力学效应的真空计，典型真空计有皮拉尼（Pirani）电阻规和热电偶规；利用带电粒子效应的真空计，典型真空计有热电离规和冷阴极电离规。

真空技术需要测量的压力范围为 $10^5 \sim 10^{-11}$ Pa，甚至更小，宽达 16 个数量级以上，尚无一种真空计能适用于从粗真空（$10^5 \sim 10^2$ Pa）到极高真空（小于 10^{-10} Pa）的全范围测量，因而有多种真空计。在检漏技术中，应用最多的低真空计是波尔登规管真空计、电阻真空计。应用最多的中真空计和高真空计是热电离规真空计。

1. 波尔登规管真空计（Bourdon）

波尔登规管敏感元件是弯成圆形，截面积显椭圆形的弹性 C 形管。测量介质的压力作用在波登管的内侧，这样波登管椭圆截面会趋于圆形截面。由于波登管微小变形，形成一定的环应力。此环应力会使波登管向外延伸。由于弹性波登管头部没有固定，其就会产生小小变形，其变形的大小取决于测量介质的压力大小。波登管的变形通过机芯间接地由指针显示测量介质的压力。如图 2-19 所示，波尔登规管受气体压力不同会有舒展，带动杠杆和齿轮旋转，使得指针指示在不同刻度上，即可读出相应的气压值。波尔登规真空计的测量范围 100 Pa 至 1 atm。

图 2-19　波尔登规管真空计

波尔登规管真空计的真空度值无法直读，在使用中时应进行必要的换算。真空表上“0”表示绝对压力为正一个大气压，“－0.1”表示绝对真空。真空表上的指示值不表示真空度的绝对值，只表示了真空度的相对值。

根据真空表的刻度示值范围，真空度的绝对值与波尔登规管真空计的相对值可用公式(2-1)换算：

$$P = 1 \times 10^5 \left(1 - \frac{\delta}{0.1}\right) \tag{2-1}$$

式中：P——真空度的绝对值（Pa）；

δ——真空表的刻度示值的绝对值。

例：表的示值为 0.08，则 $P = 1 \times 10^5 (1 - 0.08/0.1) = 2 \times 10^4$ Pa

2. 电阻真空计（Pirani 真空计）

电阻真空计的测量范围 5×10^{-2} Pa 至 1 atm。测量精度：（$1 \times 10^{-3} \sim 1 \times 10^4$ Pa）±15%；（$100 \sim 1 \times 10^5$ Pa）±50%。它是利用电阻与温度之间关系的原理工作的。由于不同气压下气体分子热传导能力不同，当给热丝加恒定的电流时，由于气压不同，通过气体传导走的热量不同，热丝所保持的温度就不同，这导致热丝电阻大小不同，通过测量热丝电阻大小就可以推算气压大小。如果配合电桥测量热丝电阻的变化，将有效提高测量的准确度。由于不同气体在相同气压时导热性不同，所以这种规需要在不同的使用气体下标定。其原理及外观详见图 2-20。

电阻真空计的特点：

(1) 较宽的测量范围；

(2) 传感器可以更换；

(3) 响应迅速；

(4) 设计紧凑，任意安装；

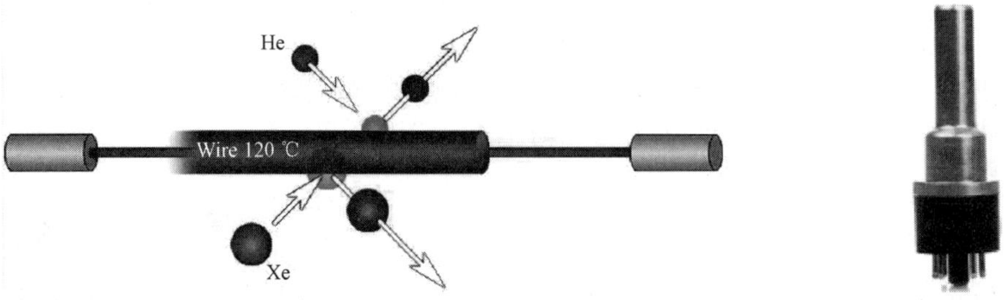

图 2-20 电阻真空计的结构示意图

(5) 接近大气压段，易受气体类型影响。

3. 热电离规真空计

热阴极电离规测量范围一般为 1.0×10^{-5} Pa～0.1 Pa，经改进后的热阴极电离规称作 Bayard-Alpert 规，可以将测量下限降低至 1.0×10^{-9} Pa。热电离规中，由热阴极即灯丝发射电子，电离真空中的气体分子产生离子，由收集极收集产生的离子，形成离子电流，通过测量离子电流的大小即可推算出真空中气体分子的密度，进而得到气压大小。由于不同气体在相同气压下的电离率不同，这种规在使用时也需要在不同气体下进行标定。热电离规真空计的原理及结构详见图 2-21。

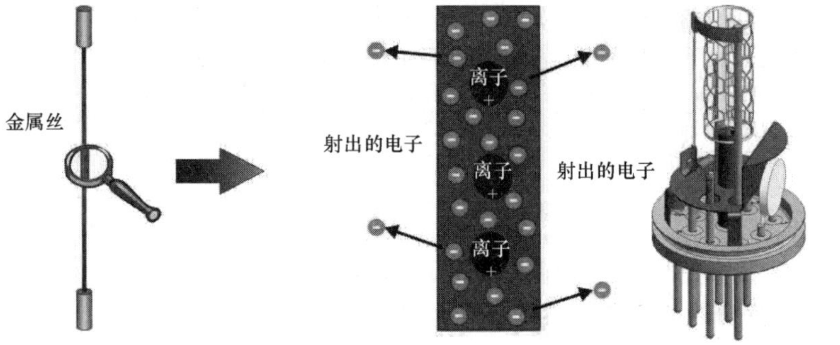

图 2-21 原理图及结构示意图

4. 冷电离规真空计(Penning Guage 真空计)

冷电离规的测量范围：5×10^{-7}～1 Pa，测量精度为±30%，冷电离规也是通过电离气体分子收集离子电流的方法进行气压测量，但与热电离规不同的是，它是利用磁控放电电离气体分子产生离子。与热电离规同样的原因，这种规在使用时需要在不同气体下标定。其原理及外观详见图 2-22。

冷电离规真空计特点：

(1) 无灯丝；

(2) 易清洗；

(3) 应用于普通的高真空测量；

(4) 与热电离规相比，可维护性高，不怕受污染烧灯

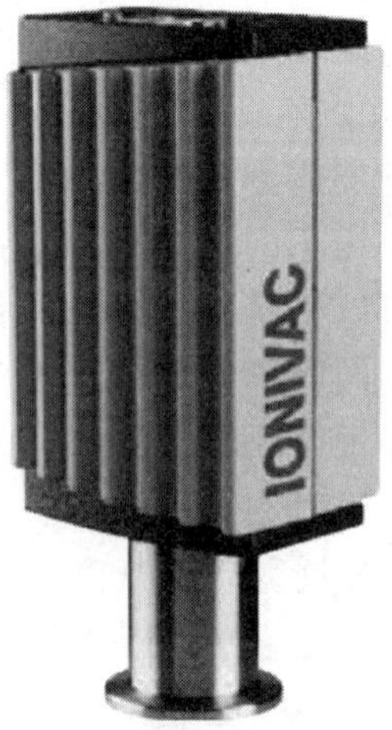

图 2-22 冷电离规真空计外观

丝，不过精度略差一些。

三、真空阀门

在真空系统中，用来改变气流方向，调节气流量大小，切断或接通管路的真空系统元件称为真空阀门。

真空阀门的主要性能是它的流导、漏气率、开闭动作的精确性和可靠程度，以及阀门的开闭时间。

真空阀门种类很多，在设计真空系统时根据用途、尺寸、性能、结构等进行选择。国产真空阀门的型号是按其性能、结构形式、驱动方式、通道方式、及通道直径大小、材料和用进行分类的，真空阀门分类详见表 2-5。

表 2-5　真空阀门分类

分类方法	名称
根据阀门的智能	低真空阀门、高真空阀门、超高真空阀门
根据结构塑式	挡板阀、翻板阀、蝶阀、隔板阀、闸阀、针阀、插板阀
根据驱动方式	手动阀、电动阀、手电两用阀、电磁阀、气动阀、液压真空阀
根据材料	金属真空阀、玻璃真空活塞(考克)、塑料阀
根据用途	截止阀、隔离阀、放气阀、节流阀、换向阀、封闭送料阀
根据通道方式	角阀、直通阀、双通阀、三通阀、四通阀

1. 挡板阀

挡板阀主要由阀壳体上法兰、下法兰、手轮、松套法兰，阀芯组件(包括焊接波纹管，螺杆、端盖、阀锥垫)等零件组成。挡板阀具有结构紧凑、体积小、重量轻、稳定可靠、性能良好、操作灵活、使用方便等特点。挡板阀的内部结构及外观详见图 2-23。

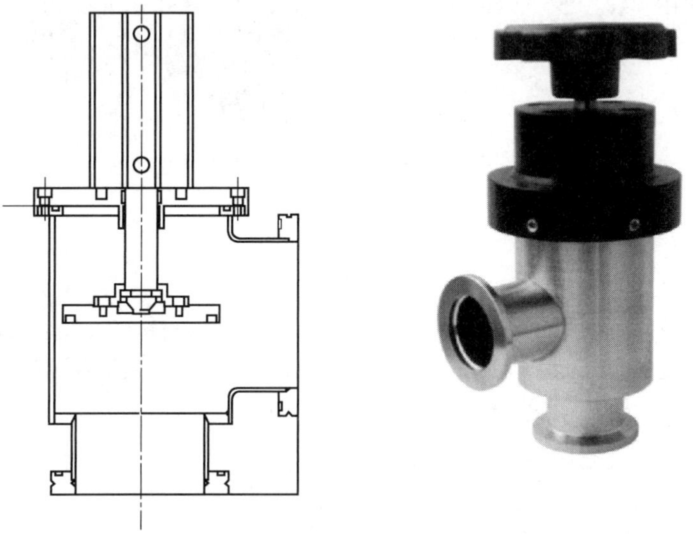

图 2-23　挡板阀的内部结构及外观

2. 插板阀

插板阀适应于高真空，超高真空领域，一般在阀板与导轨之间采用精密球轴承传动，气动部分采用进口气缸及换向阀。整体性能稳定，可靠性高。适用于真空镀膜，科研装备等行业。可实现精确定位与密封，新型传动结构，超薄紧凑。插板阀的外观详见图 2-24。

图 2-24　插板阀的外观

3. 真空球阀

球阀有很多种结构，但基本是大同小异，都是启闭件为圆形的球芯，主要由阀座、球体、密封圈、阀杆及其它驱动装置等组成，通过阀杆转动 90°从而实现阀门的开与关，在管道上用于关断、分配、调节流量大小以及改变介质流向。

GU 系列真空球阀是适用于真空系统中接通或切断管路的介质流。该阀为直通式手动球阀，球阀的阀体内部安装有中间通孔的球体，球体上开有一个直径与管道直径相等的通孔，球体可在密封座中旋转，在管路方向两侧各有一个环状的弹性体来实现密封。通过旋转球体 90°，即可改变通孔的方向，从而实现球阀的开关，因而既能用在真空状态下，也能在低压状态下使用。真空球阀则采用聚四氟乙烯紧贴球面，达到内部密封。球可以转动任意角度并定位锁定，从而达到调节流量的目的。适用的工作介质为带酸、碱性的气体或液体。GU 系列真空球阀内部结构及外观详见图 2-25。

图 2-25　GU 系列真空球阀内部结构及外观

4. 真空放气阀

放气阀是向真空腔体内导入气体，以破坏真空的阀门。针对超高真空系统，一般情况下导入干燥的氮气，以避免真空腔体内壁大量吸附水蒸气。放气阀不具备超高真空密封的能力，通常连接在进样室上。手动操作的通气阀，用于真空腔体系统，气体是经过通气阀门进入腔体内，以调节真空压差，法兰接口一般包括 KF16、KF25 两种。真空放气阀外观详见图 2-26。

图 2-26　真空放气阀外观

四、真空法兰

1. CF 法兰

CF 法兰的英文名是 Conflat Flang。它是一种用于超高真空中的法兰连接，是一种金属静密封，可以承受高温烘烤。法兰密封材料通常为 Viton、PTFE、铜等，法兰通常为 304、316 不锈钢等。

CF 法兰公称直径尺寸包括：DN16、40、63、100、160、200、250。制造标准为 ISO3669，适用的真空度最高达 10^{-12} mbar。

CF 真空法兰通常由法兰（flang）、铜圈（seal）组成，其中 CF 真空法兰使用的垫圈一般不可复用。CF 法兰详见图 2-27。

图 2-27　CF 真空法兰

2. KF 法兰

KF 法兰是应用在真空系统中的一种快速装拆连接，无需使用别的工具，只要简单地用手拧动碟形螺母就可以松开或压紧连接。KF 真空接头通常由法兰（flang）、卡箍（clamp）、密封圈（O-Ring）、支架（centering ring）组成。KF 法兰详见图 2-28。

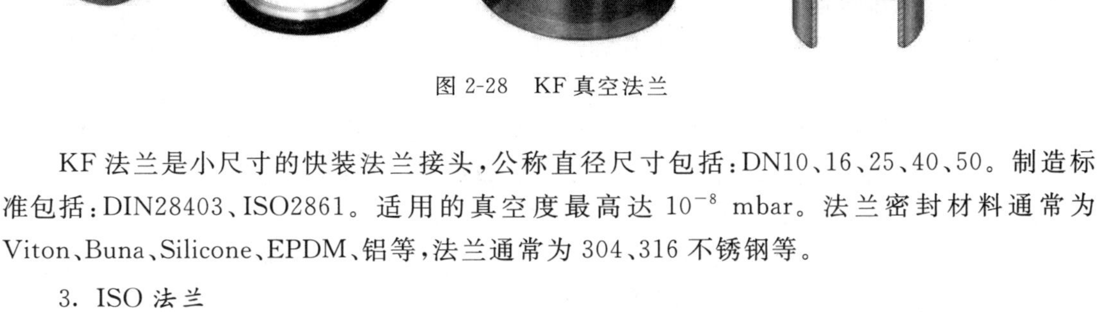

图 2-28　KF 真空法兰

KF 法兰是小尺寸的快装法兰接头，公称直径尺寸包括：DN10、16、25、40、50。制造标准包括：DIN28403、ISO2861。适用的真空度最高达 10^{-8} mbar。法兰密封材料通常为 Viton、Buna、Silicone、EPDM、铝等，法兰通常为 304、316 不锈钢等。

3. ISO 法兰

ISO 法兰和配管可用于从大气压到高真空，经常装拆的各种应用中。一般管子的直径超过 50 mm(2 英寸)。如果使用氟橡胶 O 形圈,可以承受 150 ℃烘烤。

ISO 法兰常用的两种形式是 ISO-K 和 ISO-F。公称直径尺寸包括:DN63、100、160、200、250、320、400、500 和 630。制造标准包括:DIN28404、ISO1609。可应用在要求真空度高达 10^{-8} mbar 的场合。法兰密封材料通常为 Viton、Buna、Silicone、EPDM、铝等,法兰通常为 304、316 不锈钢等。

ISO-K 真空接头通常由法兰(flang)、法兰爪/双卡钩(clamp)、密封圈(O-Ring)、中心定位环(centering ring)组成,ISO 法兰详见图 2-29。

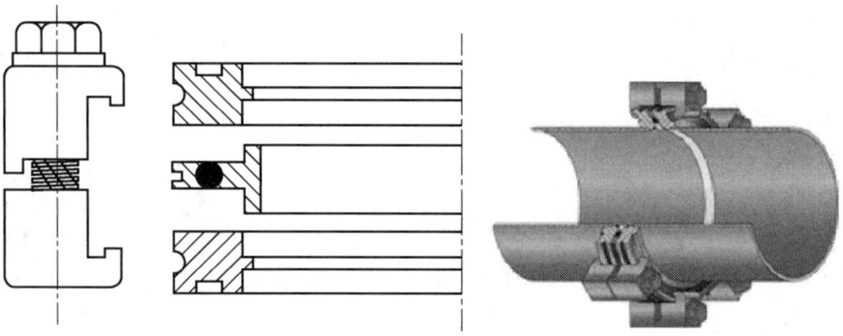

图 2-29　ISO-K 真空法兰

ISO-F 真空接头通常由法兰(flang)、密封圈(O-Ring)、中心定位环(centering ring)组成,与 ISO-K 不同的地方是法兰用螺栓坚固。ISO-F 真空接头详见图 2-30。

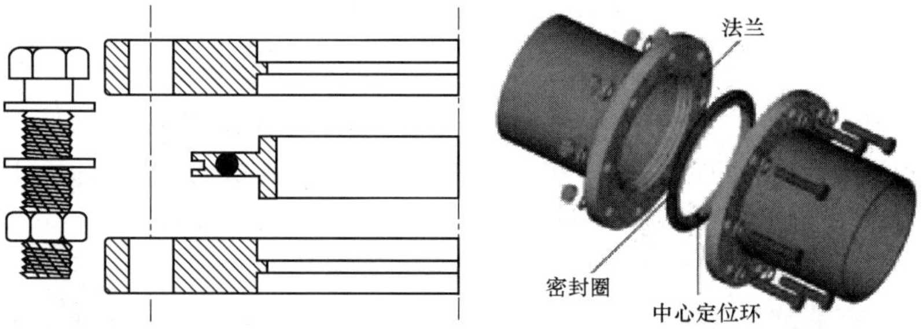

图 2-30　ISO-F 真空法兰

4. CF 法兰的正确安装方法

(1) 戴上尼龙针织手套(无尘手套)将密封垫片小心放在下法兰刀口上,盖上上法兰盘,有检漏口的法兰,应该使上下法兰检漏口对齐(如图 2-31 leak check point);

(2) 注意:盖上法兰的时候请对准检漏口再盖上去,禁止盖好之后用滑动的方式使检漏口对齐;

(3) 选择正确长度的螺栓,在螺母一端应有平垫片,然后用手将全部的螺栓预拧紧;

(4) 用两个扳手按照图中所示的顺序,交叉拧紧螺栓,所加的扭力可以是 1/4 或者 1/2 圈,(视法兰螺丝大小而定),一般两个循环即可;

(5) 注意:勿直接将螺栓拧的很紧,给力应该是逐次递进,直到所要求的扭矩即可;

(6) 拆卸螺栓也按照图 2-31 所示顺序,逐次拧松;

(7) 若有六个以上的螺栓,原理同上。

5. CF、KF、ISO 法兰的区别

CF 法兰主要用在超高真空系统上的密封连接，其主要密封方式是金属密封即铜垫片密封。需要注意的是铜垫片在使用一次后密封效果会很差，如果对真空度要求较高的系统，法兰每拆卸一次，就需要更换垫片。这类法兰有标准规格。

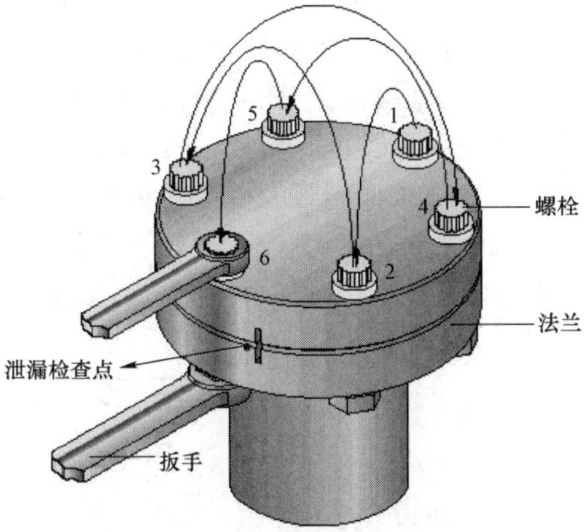

图 2-31　CF 法兰安装顺序

KF 法兰是日常真空系统中比较常见的密封连接方式，主要应用在高真空系统中。其主要密封方式是橡胶圈密封。规格从 KF10 到 KF50，通常情况下 KF 连接的管道尺寸是相对于英寸规格来说的。即 KF25 对应的管道是 25.4×1.65 mm。KF 最大的到 KF50(配管是 50.8×1.65 mm)。

ISO 法兰主要用于高真空系统中的配件，最小规格是 ISO63(配管是 63.5×1.65 mm)再往后面是 ISO80、ISO100、ISO160 直至 ISO320 甚至更大规格，连接方式是双卡头连接，主要是两个 ISO 的法兰片，中间加密封圈，然后用四个双卡头卡住法兰片进行连接。要注意的是通常情况下 ISO 系列的密封圈相对于 KF 系列的真空密封圈除了有中心支架和氟橡胶材质的密封圈外，还多了一个铝制的弹簧外圈，其主要作用是防止密封圈滑脱。因为 ISO 系列的管路尺寸相对较大，密封圈套在中心支架上面受到机台的震动或者温度的影响，如果没有固定的话会滑脱，影响密封。

五、金属波纹管

金属波纹管是一种挠性、薄壁、有横向波纹的管壳零件。它既有弹性特性又有密封特性，在外力及力矩作用下能产生轴向、角向、侧向及其它组合位移，密封性能好。在泄漏检测领域得到广泛的应用。波纹金属软管主要由波纹管、网套和接头组成，其结构详见图 2-32。内管是具有螺旋形或环形波形的薄壁不锈钢波纹管。波纹管外层的网套是由不锈钢丝或钢带按一定的参数编织而成。波纹管是金属软管的本体，起着挠性的作用；网套起着加强、屏蔽的作用；接头起着连接的作用。

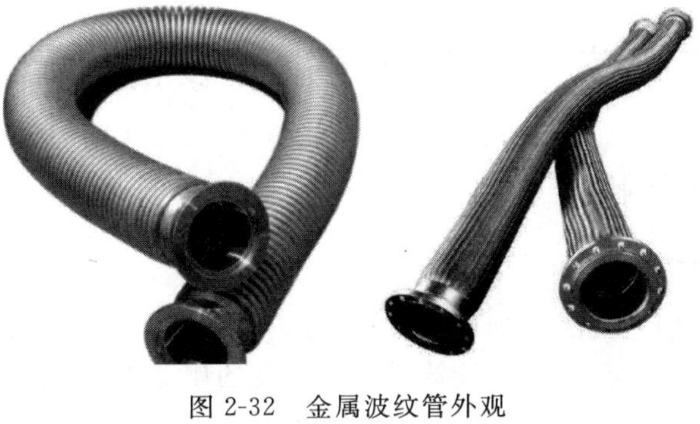
图 2-32　金属波纹管外观

虽然金属软管可压缩也可拉伸，但是如果不按正确位置安装，则会很快断裂，降低使用寿命。软管可以水平安装，也可以垂直安装或斜向安装，最理想的状态是垂直安装。

一般可把金属软管分为3种长度：第1种是压缩长度，即把软管压缩到极限位置时的长度；第2种是安装长度，这是处于最大位移量的一半的中间位置时软管的长度；第3种是拉伸长度，软管被拉伸到最大极限时的长度。软管安装时应将软管处于中间位置，即所谓安装长度。在此位置安装状态下，软管受到轴向载荷时可以有2个移动方向，否则若只能向1个方向移动，将会影响金属软管的强度，降低使用寿命。

第三节　检测专用软件

一、检测设备控制

泄漏检测人员可使用计算机通过局域网与氦质谱仪、真空泵、真空计、压力表、电磁阀等设备进行通讯和控制，并可通过采集软件控制氦质谱仪和真空计或压力表等实现检测数据的采集。在泄漏检测期间，所有的工作（包括运动控制、数据采集、数据分析和数据管理等）都能同时在线进行。

二、检测数据分析

检测过程中所有得到的数据都可在存储介质中进行存储，并用于数据备份和数据分析。检查计划可通过数据管理软件传输到采集计算机以便数据采集人员按照预先编制的计划完成泄漏检测的数据采集工作。数据分析在安装有数据分析软件的计算机上进行，所有的原始数据和分析结果都可保存在存储介质（硬盘或光盘）中。

检测数据分析软件一般具备以下功能：

（1）原始数据的分析；

（2）泄漏数值的计算；

（3）受检对象的管理；

（4）文件的管理（泄漏、受检的部件、未检测的部件）；

（5）工作日志的制定；

（6）按批次或全部的、采集的被检对象检测结果的建立；

（7）清单或制图形式的进度状态。

第四节　气泡泄漏检测设备与器材

一、加压气泡泄漏检测

1. 空气压缩机

压缩空气用于对被检件充气、加压，使被检件内外产生所需的压差。一般工厂、研究所大多装有压缩空气管路系统，可提供清洁的露点很低的压缩空气，在没有清洁的露点很低的压缩空气源的地方，可以使用高压气瓶作气源。

2. 压力表

压力表是充气时不可少的测压仪表，压力表的最佳测量压力为最大量程值的 2/3。因此，要根据被检件充气压力选用合适量程的压力表，不应高压低压都选用同一块压力表。压力表要定期送计量部门校准，并在规定的有效期限内使用，压力表可以直接装在被检件上，也可以装在加压操纵台上，通过管子与被检件相连。

3. 安全活门与超压报警器

为了防止对被检件充压过高造成安全事故，在管路系统中必须加装安全活门，当充气压力超过规定值的时候，安全活门能够自动打开，向外放气。

4. 加压管路及阀门

在被检件与气源之间，必须安装管路、阀门，才能完成对被检件的充气加压。

5. 检漏工艺设备

常用的工艺装备有堵盖、堵帽、接头及各种软管，还有充气控制台、抽真空控制台（也可以合成一个台子）及水槽。

检漏之前必须用堵盖、堵帽将被检件上的法兰盘、管嘴，接头等开口部位堵严，堵盖、堵帽的尺寸按被检件设计，要特别注意密封部位的表面粗糙度，不能有划伤、碰伤。

充气控制台上装有各种阀门、减压器、压力表及部分管路，它的一端连接被检件，另一端连接气源或真空泵。控制台自身应该有很好的密封性能，否则压力表就不能真实地反映被检件的压力大小，这是很危险的。

水槽是用来盛装被检件和显示液体的，水槽的大小按被检件设计，水槽的内部应作成不反光和暗色的，以便于观察气泡。

6. 清洗烘干设备

被检件检漏之前，应该清洗烘干，疏通被堵塞的漏孔。对大批量的清洗工作，可制作专用清洗设备。要按被检件的大小配置合适的烘干用烘箱，烘箱分为普通烘箱和抽真空烘箱，烘干加抽真空，疏通漏孔的效果会更好。

7. 观察设备

它包括照明灯具、光学观察仪器以及照相机、摄录像机等。

8. 检漏材料

（1）瓶装氮气与氦气

一般的打压气泡检漏，都使用压缩空气作气源。在没有压缩空气的地方，可以用瓶装氮气作气源。另外，当被检件内部清洁度要求较高时，也需要用氮气作气源。氦气也可以作为打压气泡检漏的气源，这是因为氦气的相对分子质量小，检漏灵敏度高，但因为氦气的价格较高，所以一般的打压气泡检漏不使用氦气作气源。

（2）试验液体

1）水

水是最常用的试验液体。使用的自来水必须预先作相应的处理。第一，要对水进行过滤，去除杂质；第二，要在水中加入缓蚀剂，减少水中有害物质对被检件的腐蚀作用。最好的办法是使用纯水（去离子水）或蒸馏水，它们不会腐蚀被检件。

2）无水乙醇（无水酒糟）

它是常用的试验液体。它的表面张力比较小，可以提高气泡检漏的灵敏度；它又是非常清洁的试验液体。对被检件没有污染。但是，它是易燃物品，使用时要特别注意防火。

3）起泡液

起泡溶液应采用检漏专用的溶液。形成起泡的溶液应能适应检测条件下的温度。我们希望在检漏时只有漏孔处冒泡，别处不要冒泡。但是用肥皂水作起泡液时，它自己就产生许多气泡，造成干扰，降低了检漏灵敏度，为此在时间检测中不允许使用肥皂水作为起泡液。

二、真空罩气泡泄漏检测

真空罩气泡泄漏检测的检测设备和耗材包括旋片式真空泵、真空罩、灵敏度校准试块、照度计、温度计、量尺、压力表、清洗剂或去离子水、发泡剂等。

1. 旋片式真空泵

由于抽真空检漏时只需要在被检件内创造一个低真空条件，所以所需要的抽真空设备并不复杂。真空泵可选一般的旋片式真空泵，采用的旋片式真空泵是直连式的微型真空泵，旋片与电机采用整体化设计，泵体更紧凑轻巧利于携带，一般抽速不大于 2 L/s。直连式的微型真空泵详见图 2-33。

图 2-33 直连式的微型真空泵

选用该类型真空泵时应具备以下特点：

（1）防返油设计，进气通道作特殊设计，能防止停泵后真空泵油返流而污染被抽容器及管路；

（2）环保设计，油箱作隔层处理，并在排气口上设置油气分离装置，无喷油并减少油雾污染；

（3）使用防震橡胶机脚，减少震动及噪音。

2. 真空罩

根据被检对象选用标准真空罩或异形真空罩。真空罩的尺寸和形状应根据被检对象的形状进行设计。真空罩的高度应尽量小，其直接优点是可以降低真空泵抽速的要求。同时能够为检测人员提供更好的观察条件，真空罩的高度由放气阀的位置及尺寸决定。

3. 真空表

真空罩气泡泄漏检测使用的真空表为波尔登规管真空计，检测所使用的真空表应在有效的检定期内，以保证检测的有效性。真空表安在真空罩上。

4. 真空管

管路可以用金属软管，也可以用真空橡胶软管。

5. 灵敏度校准试块

在真空罩气泡泄漏检测开始之前和结束之后或检测条件变化时，应用灵敏度校准试块（WHB 型等）对真空罩气泡泄漏检测系统做灵敏度校验。试块应配备相应的合格证。

6. 计量器具

检测中所使用的照度计(ST-85 型等)、温度计(UT301A 型等)、量尺、压力表等必须在相应的计量有效期内。

7. 清洗剂或去离子水、发泡剂

清洗剂或去离子水、发泡剂中的有害化学成分不应超过标准或电站的相关规定。商标及型号:船牌核级清洗剂、WJ-1 型发泡剂或等质的产品。起泡液的性能要求不挥发、涂敷时不起泡沫、浓度不随时间改变。当用于不锈钢材质的焊缝检测中,要求起泡液元素含量控制在氟化物+氯化物≤200 ppm,硫化物≤200 ppm 范围内。

8. 其他消耗品

检测使用的纸、布等消耗品材料,不应对受检对象产生不良影响。

第五节　压力变化泄漏检测设备与器材

检测设备主要有压力变化泄漏检测仪、电磁阀、空气压力调节阀,密封夹具,零泄漏参考件,标准漏孔、差压传感器等。

压力变化泄漏检测仪分为两类。

一、压力测量泄漏检测仪

压力测量泄漏检测仪是通过测量被检件在一定时间内的压力变化,再按被检件体积换算出总漏率的一种仪器。用做压力测量法的仪器又可分为两种,即直压式气密泄漏检测仪和差压式气密泄漏检测仪。

1. 直压式气密泄漏检测仪

直接测量被检件内腔的压力变化而得到总漏率,被检件的总漏率等于单位时间内压力变化值与体积的乘积。它的优点是仪器结构简单,使用灵活方便,适合各种条件的检测,在检测低压时精度较高,成本较低,它的缺点是随着检测压力的上升和被检件体积的增大而精度降低,同时外界温度对检测结果的影响也较大。它比较适合允许漏率大、体积小、检测时间短的被检件使用。

2. 差压式气密泄漏检测仪

通过测量被检件与参照标准物内腔的压力差而得到总漏率。差压式气密泄漏检测仪在工作时,一端连在被检件上,另一端连在参照标准物上,对被检件充压的同时也对参照标准物充压,充压结束时两端压力一样;经过一段时间后,有漏的被检件与不漏的参照标准物之间就产生了压力差,由此可以得到总漏率。

由于它采用对比压力差的泄漏检测方式,检测精度与被检件检测压力无关,与直压式气密泄漏检测仪相比,它能获得更高的检测精度,另外,采用参照标准物作对比检测,可以克服环境温度和其他多种干扰因素对检测结果的影响,所以它的检测精度、灵敏度和泄漏检测速度比直压泄漏检测仪要高许多。当然它的结构比直压泄漏检测仪复杂,操作烦琐一些,价格也贵一些。

二、流量测量泄漏检测仪

流量测量泄漏检测仪能够通过不断给被检件补充气体,使有漏的被检件内腔始终维持在规定的压力状态下不变,给被检件补充的气体就是被检件漏出的气体,测量出的补充气体的流量就是被检件的总漏率。

流量式泄漏检测仪测量漏率的过程不需要测量被检件的体积大小。这种方法虽然是测量流量但是与压力的关系非常密切,在检测过程中,只有当被检件内腔的压力变化值达到压力传感器能感受到了的程度,才可能使泄漏检测仪打开充气阀门向被检件充气,流量计才能测量出流量。当被检件体积太大,漏率太小,压力变化达不到传感器灵敏度的时候,就无法测量了。因此这种泄漏检测仪的最小可泄漏检测率就不会太小。

第六节　氦质谱泄漏检测设备与器材

氦质谱泄漏检测是具有较高灵敏度的一种泄漏检测方法,它不但能够检测工件的微小泄漏、漏点位置,还能应用已知漏率的标准漏孔,给出被检工件的漏率大小,因此在国内外,它已被广泛应用于各种密封工件的检测。

一、氦质谱泄漏检测仪

测量气体分压力的质谱仪,都可以用于泄漏检测,使用氦气作示漏气体进行泄漏检测的质谱仪,叫氦质谱泄漏检测仪。这种仪器除灵敏度高外,还具有适应范围广、定位定量准确、无毒、安全、反应速度快等优点。

1. 氦质谱泄漏检测仪的结构

氦质谱泄漏检测仪主要由质谱室、真空系统、电气部分组成。

(1) 质谱室

一般由离化室、分析器、收集极三部分组成,放在一个可抽成高真空的质谱室外壳中。大部分采用尼尔型离化室,钨灯丝。分析器偏转角有 60°、90°和 180°。

(2) 真空系统

提供质谱室正常工作所需要的高真空条件,它包括主泵(扩散泵或分子泵)、前级泵、预抽泵、泄漏检测阀、真空规等。

(3) 电气部分

包括主机供电部件、主机控制部件、离子源电源、发射电流稳定电路、离子流放大器和音响报警器、真空测量电路、灯丝保护电路等。

被检件、质谱室、真空系统的连接形式有两种,一种是将被检件直接连接在质谱室上,叫正流氦质谱泄漏检测仪;另外一种是将被检件直接连接在前级泵与主泵之间,不直接连接在质谱室上,叫逆流或逆扩散氦质谱泄漏检测仪。

前一种连接形式的氦质谱泄漏检测仪,适用于小体积、漏率比较小的被检件;后一种连接形式,适用于大体积、漏率比较大的被检件,泄漏检测效率较高但灵敏度不如前一种好。多数国产泄漏检测仪是逆扩散形式的。一般氦质谱泄漏检测仪与逆流氦质谱泄漏检测仪原理详见图 2-34、图 2-35。

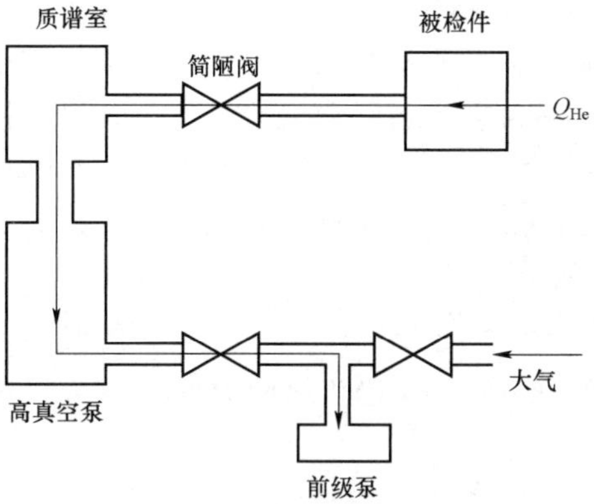

图 2-34　一般氦质谱泄漏检测仪

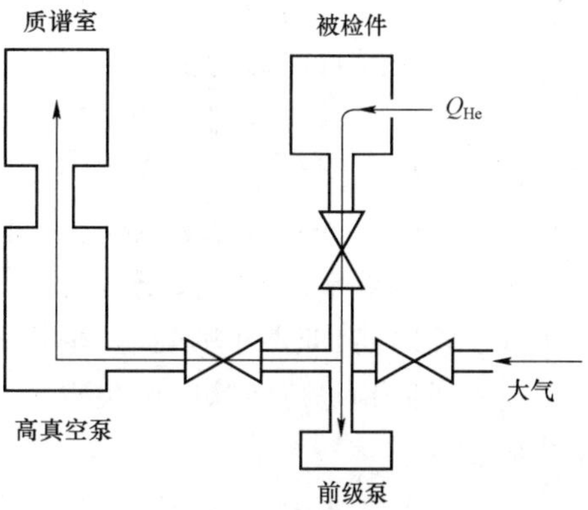

图 2-35　逆流氦质谱泄漏检测仪

2. 氦质谱泄漏检测仪主要性能指标

(1) 仪器最小可泄漏检测率

仪器的灵敏度用最小可泄漏检测率表示。最小可泄漏检测率，是指当仪器处于最佳工作条件下，以一个大气压的纯氦气作示漏气体进行动态泄漏检测时所能检出的最小的漏孔漏率。用 Q_{min} 表示。

启动调整好泄漏检测仪，读出本底 I_0 和本底噪声 I_n。打开标准漏孔阀，读出输出指示的稳定信号值，最小可泄漏检测率 Q_{min} 由下式算出：

$$Q_{min}=\frac{I_n}{I-I_0}Q_0 \tag{2-2}$$

式中：I——仪器输出指示的稳定信号值；

I_n——仪器输出指示的本底噪声；

I_0——仪器输出指示的本底；

Q_0——标准漏孔的漏率。

泄漏检测系统的灵敏度用有效最小可泄漏检测率表示，它是指在具体的泄漏检测工作状态下，泄漏检测系统(包括泄漏检测仪)，以一个大气压的纯氦气作示漏气体进行动态泄漏检测时所能检出的最小的漏孔漏率。用 Q_e 表示。

最小可泄漏检测率 Q_{min} 由仪器本身的性能决定。而有效最小可泄漏检测率 Q_e 不仅与仪器性能有关，还与所采用的泄漏检测方法和泄漏检测系统有关，它反映了在具体泄漏检测条件下仪器性能的发挥程度。一般情况下 Q_e 大于 Q_{min}。

(2) 反应时间及清除时间

反应时间也是氦质谱泄漏检测仪的主要性能指标。所谓反应时间是指从氦气进入漏孔时起，到泄漏检测仪反应值的变动达到其最大值的 63% 时为止所需要的时间。它与漏率无关，与质谱室的体积及对氦气的抽速有关。反应时间详见图 2-36。

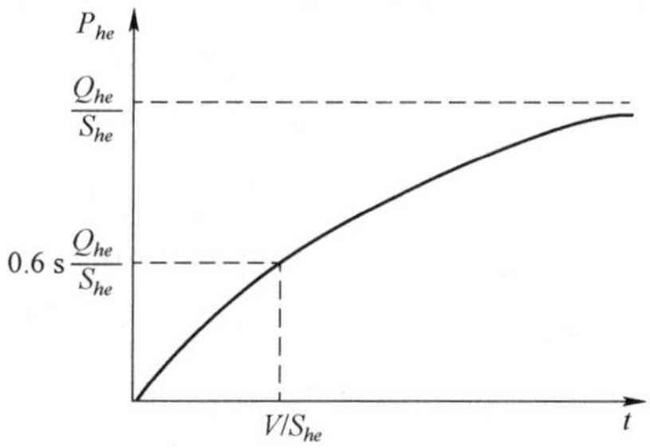

图 2-36　反应时间示意图

如果降低泄漏检测仪对氦气的抽速，就可以延长氦气在质谱室内的停留时间，灵敏度就高，然而，降低抽速却使反应时间增长，亦即检出一个漏孔需要更多的时间。所以在谈到仪器最小可泄漏检测率时必须对仪器的反应时间有一定的限制。在氦质谱泄漏检测仪的国家标准中规定反应时间不大于 3 s。仪器反应时间之所以重要，因为它决定了泄漏检测速度。泄漏检测时喷枪在漏孔处必须停留的时间应为仪器反应时间的 3 倍（此时输出讯号为最大讯号的 95%）。小于这个时间，仪器灵敏度未能得到发挥；大于这个时间，输出讯号充其量提高 5%，而泄漏检测效率却大大降低。

所谓清除时间，即停止喷氦后，输出讯号降低到最大讯号的 37%时所需要的时间。数值上和反应时间相等。清除时间决定了两次喷吹的间隔时间，它和反应时间一样直接影响泄漏检测速度。

二、氦质谱泄漏检测辅助设备或材料

1. 标准漏孔

所谓“标准漏孔”，是专门制造的一种具有已知的恒定漏率的装置。有带气室的，也有不带气室的。常用标准漏孔如下：

（1）渗氦型标准漏孔

渗氦型标准漏孔的漏孔元件一般由对氦气有较高渗透能力的石英或玻璃管吹制成较薄的玻泡构成。

（2）玻璃毛细管型标准漏孔

它是将玻璃管拉制成 1 μm 左右内径的毛细管得到的。在分子流下，漏率与压力之间成线性关系；在粘滞流下，压力与漏率成平方差关系。

（3）压扁金属毛细管型标准漏孔

它是将 $\phi 4\times 0.1$ mm 的无氧铜管或可伐管用油压机压扁后造成间隙制成的。这种漏孔具有温度系数低，可以烘烤，不易损坏等优点，但铜漏孔因氧化而易堵塞，采用无氧铜管镀银的办法可使氧化堵塞现象得到改善。

（4）玻璃—铂丝型标准漏孔

这是一种把 $\phi 0.1\sim\phi 0.15$ mm 的铂丝与硬质玻璃作非匹配的封接后，利用其膨胀系数不同而得到的漏孔。这种漏孔制作方便，稳定性好，但极易被水蒸气、油蒸气及微粒所堵塞。

2. 漏孔的操作和使用注意事项

（1）标准漏孔的标称值都是在特定条件（进气端压力、气体、温度）下的漏率值，使用时，除了温度可以与校准温度不一致（但对漏率要进行修正）外，其压力试验气体应与校准时一致。不能用公式把某种压力下对某种气体的漏率换算成另一压力下对另一气体的“等效”漏率。

（2）标准漏孔接至系统上后，要避免系统中的油蒸气、水蒸气及固体微粒进入漏孔产生堵塞现象。如系统太脏，在系统与漏孔之间应加防尘、过滤或挡油装置。

（3）标准漏孔不使用时，最好放入真空干燥箱内妥善保存。

（4）标准漏孔使用过久可能变值，特别在较差环境下使用还可能产生堵塞现象，带气室的标准漏孔其气室压力会产生衰减而使漏率变小。因此，要按有关规定对标准漏孔进行定期校准或检定。在精心保护情况下，渗氦型漏孔一般每年校准一次。物理漏孔一般每三个月到六个月重校一次。

（5）标准漏孔要尽量避免在振动较大、温度变化较大的条件下工作，以免出现振裂、炸裂现象。

（6）安装标准漏孔时要小心，牢靠。安装位置既要保证合理，操作方便，又要尽量避开容易被人和工具碰撞的部位。

（7）温度对渗氦型漏孔的漏率影响较大，因此校准和使用之前必须使温度稳定。当使用温度与校准温度不一致时，一定要进行温度修正。采用线性修正时，其使用温度一定要在校准温度范围之内。

（8）渗氦型漏孔当改变浓度时，需要较长时间才能达到稳定漏率。所以一个渗透漏孔充氦后，不能马上校准和使用，需要等待几天的时间来均衡漏率；为此一般渗透漏孔都采用带气室的结构。

（9）带氦室的渗氦型漏孔，其出口端如果有阀门，保存期间阀门应该打开。否则，再次使用时，打开阀门后需要很长的漏率稳定时间。

（10）使用带气室的物理漏孔时，要避免不需要的气体通过漏孔元件大量“反扩散”到气室中。因此，这种漏孔最好带有阀门，保存期间将阀门关死。

（11）当气室中压力较高时，使用中要特别注意爆炸带来的危险。当气室中含有爆炸性、反应性和有毒气体时，使用中要注意防护，保存期间要注意将阀门关闭。

3. 正压型标准漏孔标定操作

相对于渗氦型标准漏孔，正压型标准漏孔使用时除了标称值的校正，还需要注意通过阀门的组合操作来调整漏孔压力。正压型标准漏孔种类和型号较多，现以 TL4-6 型带气室正压型标准漏孔为例进行说明。

TL4-6 原设计用于吸枪法检漏，是漏率范围固定，带有轻便气体贮存器的测试漏孔。也可用作真空测试漏孔和用于氦以外的其它测试气体。其结构详见图 2-37。

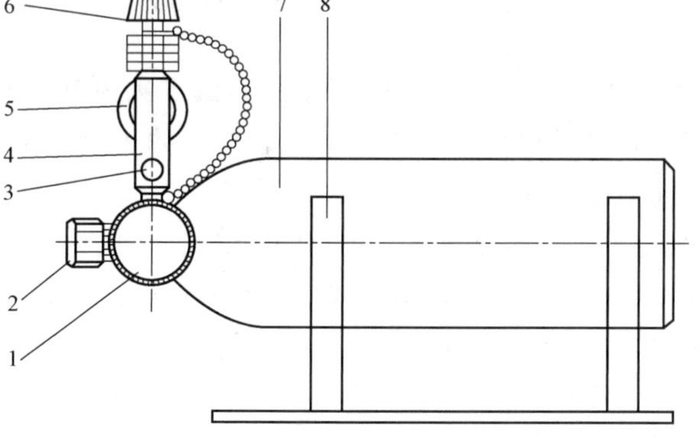

图 2-37　校准漏孔 TL4-6

1—气压表用于测量气体压力；2—主阀；3—放空螺丝；4—带漏孔毛细管的本体；5—连接法兰 DN16ISO—KF；6—膜片截止阀用于漏孔出口小孔；7—测试气瓶；8—夹持件

主阀(2)关闭测试气体贮存器(7),一般为氦。本体(4)的空间内含有与漏率相关的工作压力。气体贮存器内的压力将限制最大工作压力。拧松放空螺丝(3)可将工作压力降低至所需的压力。显然,两个阀不宜同时打开,以免消耗测试气体贮存器内的气体。气压表(1)显示当前的工作压力,指示为“巴(表压)”。

漏率决定于伸入工作空间(主阀与毛细管之间的空间)的毛细管。气压表显示工作空间内的压力。截止阀(6)覆盖毛细管的漏端,将气流引至 KF 法兰(5)。如将这个阀打开,TL4-6 可用作真空测试漏孔。如将阀拧至关闭位置,毛细管的端部用作校准吸枪探头的吸枪测试漏孔。

夹持件(8)用于漏孔的保存,避免跌落损坏 TL4-6。

(1) 如何将 TL4-6 用作真空测试漏孔

TL4-6 用于真空模式时,用小型法兰 DN16ISO-KF 将它连接真空装置。拧动膜片截止阀的旋钮可打开或关闭漏孔的出口。膜片下的空间很小,因此在开口处的流量几乎可忽略。真空测试漏孔状态详见图 2-38。

(2) 如何将 TL4-6 用作吸枪测试漏孔

在螺旋螺母处将膜片阀拧至关闭位置,漏孔出口成为可见的并可进入,以便吸枪校准。可与检漏探头直接接触,不会损坏漏孔毛细管。切勿将带油的吸枪探尖与出口接触,也不要用手指触及它。两种情况均易堵塞毛细管。吸枪测试漏孔状态详见图 2-39。

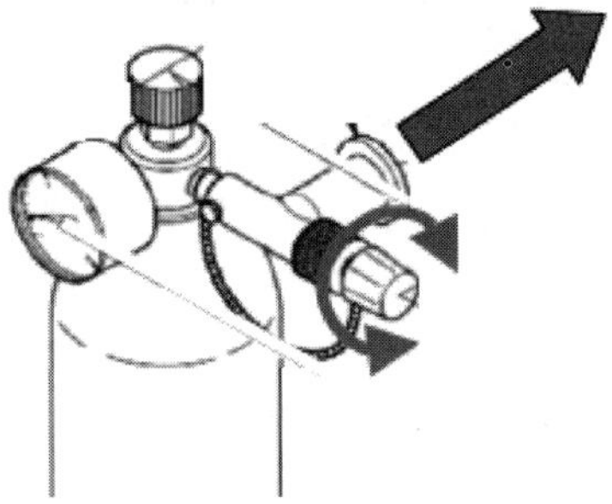

图 2-38 真空测试漏孔状态

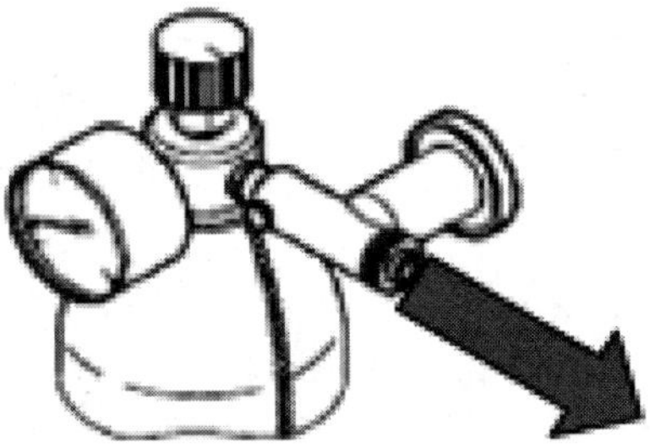

图 2-39 吸枪测试漏孔状态

将检漏探头插入小型法兰是错误的测量方法。测量点离氦气出口太远,读到的是法兰空间内任意的氦气浓度的漏率讯号,并非来自毛细管漏孔的正确漏率讯号。

(3) 调整压力下的正确漏率值

定额牌上的漏率表示毛细管在相对于真空的 1 巴(绝对)压力下校准的标称漏率值。工作空间内较高的压力将产生较高的漏率,附上的曲线中表示平均压力与毛细管特性的关系详见图 2-40,确切的上升取决于粘滞流特性还是分子流特性,毛细管几何尺寸的差别形成不同漏孔之间漏率的差别,使产生一个通用的校准曲线的程序复杂化。因此,实际漏率与通用曲线的差别可高至$\pm 10\%$。

为得到 TL4-6 的吸枪漏率和不定性的范围必须将曲线表示的因素与定额牌上的标称漏率值相乘。

备注:X 轴表示气压表的压力值(表压),必须在全部计算中使用绝对压力值。

举例:

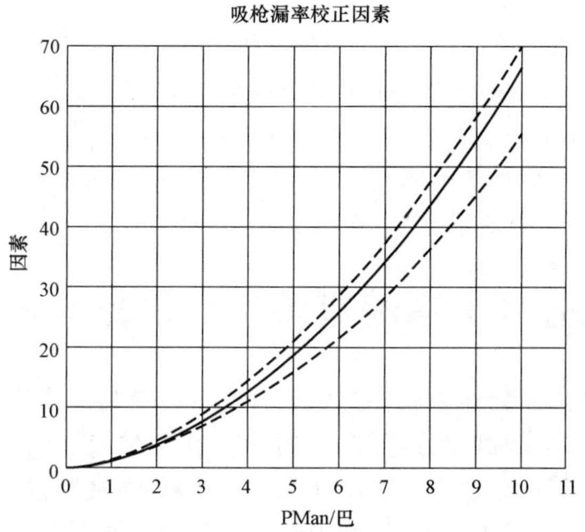

图 2-40　平均压力与毛细管特性关系曲线

标称漏率＝5.0×10^{-7} Pa·m^3/s；

气压表读值＝8 巴表压；

校正因素＝45；

用于吸枪的漏率值可将标称漏率乘校正因素：

$5.0\times10^{-6}\times45=2.3\times10^{-5}$ Pa·m^3/s。

(4) 如何更换测试气瓶

如气瓶用空或要使用另一种测试气体，就必须更换气瓶。两种情况均必须确认在所示漏率的毛细管前是几乎100%的测试气体。

关闭主阀和拧下气瓶，在拧上新的测试气瓶后打开阀门，使气压表正式的压力达到最大；接着关闭阀门，打开放空螺丝释放压力，当气压表读值几乎为零时，立即拧上螺丝以免空气渗入测试漏孔本体内。如更换气体类型则必须重复这两个步骤两次。

切勿同时打开主阀和放空螺丝，其结果将是快速地丢失测试气体。

4. 泄漏检测吸枪

泄漏检测吸枪是氦质谱泄漏检测仪的一种取样探头，当被检件内充高压氦气后，通过漏孔逸出到空气中，使用泄漏检测吸枪可将漏出的氦气吸到泄漏检测仪中，从而检测出被检件是否泄漏及漏孔位置。多数吸枪采用针阀式结构，吸枪应该调节灵活，流导稳定，重复性好。吸枪与泄漏检测仪之间的连接管应尽量短而粗，以减小反应时间。

5. 氦气

氦气在泄漏检测中作为示漏气体使用。氦气是一种无色、无味的惰性气体。分子量为4.003。国家标准规定的瓶装氦气规格有工业用氦、纯氦和高纯氦。工业用氦的氦含量≥99%，纯氦的氦含量≥99.99%，高纯氦的氦含量≥99.999%，露点低于－43 ℃。

作示漏气体用的氦气的纯度要求不必太高，一般选用工业用氦就可以了。

6. 真空泥

真空泥是一种黑色的泥状物质，它是由高粘度低蒸气压的精制石油脂与高山余土机械地拌和而制成的一种可塑性油灰。它在室温下能塑性变形，能很好地与固体材料表面粘结而起密封作用，而且它在室温下具有较低的饱和蒸气压（10^{-2} Pa），暴露在空气中不易干燥，因此适合于作为一种低真空系统的临时性密封材料。使用温度不宜超过 30 ℃。泄漏检测中，经常要使用真空泥来进行临时性堵漏和连接部位密封。

第七节　渗透泄漏检测设备与器材

渗透泄漏检测原理是在工件表面一侧施涂含有着色染料的渗透剂后，在毛细管作用下，经过一段时间的渗透，渗透剂可以渗进开口缺陷中；在零件表面的另一侧施涂吸附介质-显像剂，同样在毛细管作用下，显像剂将吸附缺陷中的渗透剂，使渗透剂回渗到显像剂中；在一定的光源下，缺陷处渗透剂痕迹被显示（鲜艳红色），从而探测泄漏点。

主要材料包括渗透剂、显像剂、清洗剂、照明灯、照度计等。

一、渗透剂

渗透泄漏检测所用的渗透剂类型很多，除一般的渗透无损检测所用荧光渗透剂和着色渗透剂外，还包括煤油、水等其他液体。这里我们重点介绍荧光渗透剂和着色渗透剂。渗透剂是渗透泄漏检测中最关键的材料，渗透剂的质量直接影响检测的灵敏度。渗透剂的种类包括：

（1）水洗型荧光渗透剂；

（2）后乳化型荧光渗透剂；

（3）溶剂去除型渗透剂；

（4）其他用途的渗透剂。

二、清洗剂

渗透泄漏检测中，在检测结束后用来去除被检件表面渗透剂的溶剂叫去除剂。水洗型渗透剂，直接用水去除，水就是一种去除剂。溶剂去除型渗透剂采用有机溶剂去除，这种去除溶剂应与渗透剂有良好的互溶性。通常采用的去除溶剂有煤油、酒精、丙酮、三氯乙烯等。后乳化型渗透剂在乳化后用水去除，它的去除剂是乳化剂和水。

三、显像剂

显像剂是用于明确显示漏孔位置的试剂，在渗透泄漏检测中由于渗透剂本身带有颜色或者发出荧光因此一般不用专门的显色剂，只是为了提高对比度和检测灵敏度而用白色的干粉显像剂或者水悬浮型或者溶剂悬浮型显像剂来增强缺陷显示。

显像剂分为干粉显像剂、水悬浮型湿显像剂、水溶型湿显像剂和溶剂悬浮型湿显像剂四大类。

第八节 声发射泄漏检测设备与器材

一、声发射传感器

声发射传感器属检测系统的关键部件，其响应来自于被检件表面振动的垂直位移，包括：位移、位移速度、位移加速度，这主要取决于传感器的频率响应和灵敏度特性。传感器可分为压电型、电容型和光学型。

二、电缆

传感器、前置放大器及主机之间通过电缆线连接。电缆类型包括：同轴电缆、双芯绞合线和光纤电缆。50 Ω 同轴电缆为常用的基本类型，可满足电磁屏蔽和阻抗匹配的基本要求。前置放大器的电源线与信号输出线，一般共用同一个同轴电缆，而有些厂家的设备，前置放大器的电源线与信号线分开，并采用双芯绞合线。光纤电缆只用于特殊情况。

当信号在电缆中传输时，如信号线的阻抗与终端始端不匹配，信号将在传输线内发生反射，造成信号衰减，只有与两端都匹配才使信号衰减最小。为获得最佳传输功率，电缆线与前置放大器和主机都应当匹配。前置放大器的输出阻抗和主机的输入阻抗一般为 50 Ω，因而，其连接都采用 50 Ω 的信号电缆。当主机的输入阻抗并非 50 Ω 时，应另加上阻抗匹配器。

传感器电缆很短，其传输衰减可忽略。但是，前置放大器至主机的电缆长度，可从几米至 300 m 或更长的范围内变化，对长电缆应考虑信号衰减问题。一般而言，全线的衰减不宜大于 3 dB。当电缆长度大于 300 m 时，应串接中继放大器。

三、信号调节

1. 前置放大器

前置放大器置于传感器附近，放大传感器的输出信号，并通过长电缆供主机处理。主要作用为：

(1) 阻抗传感器与低阻抗传输电缆之间提供阻抗匹配，以防信号衰减；

(2) 过放大微弱的输入信号，以改善对电缆噪声有关的信噪比；

(3) 通过差动放大，降低由传感器及其电缆引进的共模电噪声；

(4) 提供频率滤波器。

2. 滤波器

频率滤波器一般采用插件式或编程式，包括高通、低通和带通滤波器，主要用来排除噪声和限定检测系统工作频率范围。

四、声发射仪

1. 单通道声发射仪

单通道声发射仪，一般由传感器、前置放大器、主放大器、信号参数测量、数据分析、记录与显示等基本单元构成，如图 2-41 所示。

图 2-41 单通道声发射仪

2. 多通道声发射系统

(1) 计算机控制式多通道声发射仪

该系统采用多处理器并行处理结构，由高速采集用独立通道控制器、协调用总通道控制器、数据分析用主机算机构成。

(2) 全数字式多通道声发射仪

其最大特点是经前置放大的信号不必再经过一系列模拟电路的处理而是直接转换成数字信号，同时进行常规特性参数提取与波形记录。这不仅改善了电路的稳定性和可靠性，而且大大强化了系统信号处理能力。

该系统主机采用插卡式结构，为避免通道之间的相互干扰，沿用了单卡单通道的模式。主机可直接与普通台式兼容 PC 机、便携式工控计算机、笔记本计算机连接。构成声发射系统的除主机、计算机、前置放大器、传感器及有关软件外，还有可直接插到计算机内的 PCI 总线的 AsyC 板卡负责数据传输。

声发射仪的类型、特点、适用范围详见表 2-6。

表 2-6 声发射仪的类型、特点、适用范围

类型	特点	适用范围
单通道系统	1. 只有一个信号通道，功能单一，适于粗略检测 2. 多用模拟电路，处理速度快，适于实时指示 3. 多为测量计数或能量类简单参数 4. 小型，机动，廉价	1. 实验室试样的粗略检测 2. 现场构件的局部监视
双通道系统	1. 具有两个信号通道和一维源定位功能 2. 具有幅度及其分布等多参数测量和分析功能	1. 实验室试样较精确的检测 2. 管道、焊缝等一维元的定位检测
多通道系统	1. 可扩展多达数十个通道，并具有二维源定位功能 2. 具有多参数分析、多种信号鉴别，实时或事后分析功能 3. 微机用于数据的采集、分析、定位计算、存储和显示 4. 操作复杂，昂贵，但适于综合而精确分析	1. 金属、复合材料等多种材料检测 2. 实验室和现场的开发和应用 3. 大型构件的结构完整性评价
工业专用系统	1. 多为小型，功能单一 2. 多为模拟电路，适于现场实时指示或报警 3. 价格为工业应用的重要因素	1. 刀具破损监视 2. 泄漏监视 3. 旋转机械异常监视 4. 电器件多余物冲击噪声监视 5. 固体推进剂药条燃速测量

思考题

1. 氦质谱检漏仪由几大部分组成?
2. 压力变化检漏仪可分为哪两类?
3. 标准漏孔和标准样件最好存放在什么容器中?
4. 检漏仪噪声大、本底高可能与哪些卤素有关?
5. 旋片式机械真空泵可以长时间对大气抽真空吗?

第三章 泄漏检测方法

第一节 按被检容器状态分类

按泄漏检测时，被检容器内部所处的状态将泄漏检测方法分为两类：加压泄漏检测法、真空泄漏检测法。

一、加压泄漏检测法

将被检件内部充以比外部压力更高的示漏气体，当被检件器壁上存在漏孔时，示漏气体通过漏孔漏出，在被检件外面用适当的方法判断有无示漏气体漏出，从哪里漏出、漏出量多少等，就可以判断有无漏孔，漏孔的位置和大小。属于这类方法的有：压降法、气泡法、氨泄漏检测法、着色泄漏检测法、超声波泄漏检测法、声发射泄漏检测法、氦质谱充压吸枪法泄漏检测等。当外部压力为大气时的加压泄漏检测法叫正压泄漏检测法。压力泄漏检测法的泄漏检测特点、现象、泄漏检测设备以及最小可检的泄漏率示于表 3-1 中。

表 3-1 压力泄漏检测法

泄漏检测方法	工作条件	现象	设备	最小可检测泄漏率/(cm^3/s)	备注
水压法	充水	漏水	眼	$5\times10^{2}\sim5\times10^{-3}$	也可以用听诊器
压降法	充 0.3 MPa 的空气	压力下降	压力表或压力传感器	1×10^{-2}	
听音法	充 0.3 MPa 的空气	咝咝声	耳	5×10^{-2}	
超声波法	充 0.3 MPa 的空气	超声波	超声波检测器	1×10^{-2}	
气泡法	充 0.3 MPa 的空气	水中冒气泡	眼	$1\times10^{-4}\sim1\times10^{-5}$	
集漏空腔增压法	充 0.3 MPa 的空气	涂皂液发生皂泡	眼	$1\times10^{-3}\sim1\times10^{-4}$	
	1.1 倍的工作压力	集漏空腔压力增加	微压力温度、位移传感器	5×10^{-6}	
氨气泄漏检测法	充 0.3 MPa 的氨气	溴带麝香草酚蓝试带变色	眼	8×10^{-7}	观察时间 20 s
	充 0.3 MPa 的氨气	溴酚带试带纸变色	眼	1×10^{-10}	24 h 累积
卤素泄漏检测法		卤素泄漏检测仪读数变化	卤素检测仪	$1\times10^{-5}\sim1\times10^{-9}$	可与空气混合充入
放射性同位素法			闪烁计数器	1×10^{-6}	
氦质谱泄漏检测仪吸嘴法			氦质谱泄漏检测仪	$1\times10^{-7}\sim1\times10^{-9}$	可与空气混合充入

二、真空泄漏检测法

将被检件内部抽成真空，将示漏气体施于被检件外部，如果被检件器壁上有漏，示漏气体通过漏孔进入被检件内部，利用某种方法将漏进的示漏气体检测出来，从而判断出漏孔的存在，漏孔的位置和大小，属于这种方法的有：静态升压法、放电管法、各类真空计法、氦质谱泄漏检测法等。

真空泄漏检测法的泄漏检测特点、现象、泄漏检测设备以及最小可检的泄漏率示于表 3-2 中。

表 3-2　真空泄漏检测法

泄漏检测方法	工作压力/Pa	现象	设备	最小可检泄漏率/(cm^3/s)
静态升压法		抽真空后，压力上升	真空计	5×10^{-6}
液体涂敷法		涂敷液体后，压力变化	真空计	$1\times10^{-4}\sim1\times10^{3}$
放电管法		放电颜色改变	放电管	1×10^{-2}
高频火花泄漏检测法	1 000～0.5	亮点，放电颜色改变	高频火花泄漏检测器	1×10^{-2}
热传导真空计	1 000～0.1		热电偶或电阻真空计	1×10^{-5}
电离真空计	$1\times10^{-2}\sim1\times10^{-6}$		电离真空计	1×10^{-9}
差动热传导真空计	1 000～0.1	真空计读数变化	热传导真空计差动组合	1×10^{-6}
差动电离真空计	$1\times10^{-2}\sim1\times10^{-6}$		电离真空差动组合	1×10^{-9}
卤素泄漏检测法	10～0.1	输出仪表读数变化	卤素泄漏检测仪	1×10^{-9}
氦质谱泄漏检测法	10^{-2}	输出仪表读数及声响频率变化	氦质谱泄漏检测仪	$1\times10^{-11}\sim1\times10^{-12}$

第二节　按泄漏检测方法分类

核工业领域应用的检漏方法和仪器很多，按照所采用的检漏方法可分为气泡泄漏检测、压力变化泄漏检测、氦质谱泄漏检测、渗透泄漏检测、声发射泄漏检测。

一、气泡泄漏检测

1. 产生气泡的条件

如图 3-1 所示，当被检件在大气环境下作气泡检漏，气体通过漏孔泄漏时，容器内部大于以下三种压力的共同作用，即当地大气压力 P_0，被检件漏孔出口至检漏液面之间液柱高度产生的压力 ρgh，液体表面张力产生的压力 $\frac{2\alpha_\tau}{r_0}$。时，就会产生气泡，产生气泡条件详见公式 3-1。

$$P_r > P_0 + \rho gh + \frac{2\alpha_\tau}{r_0} \tag{3-1}$$

式中：P_r——被检件内部压力；

P_0——当地大气压力；

ρ——检漏液密度；

g——重力加速度；

h——漏孔在液体中的深度；

r_0——漏孔截面为圆时的圆半径；

α_T——液体表面张力系数。

2. 泄漏点的判断

通过观察到水中气泡产生的位置直接判定泄漏点。

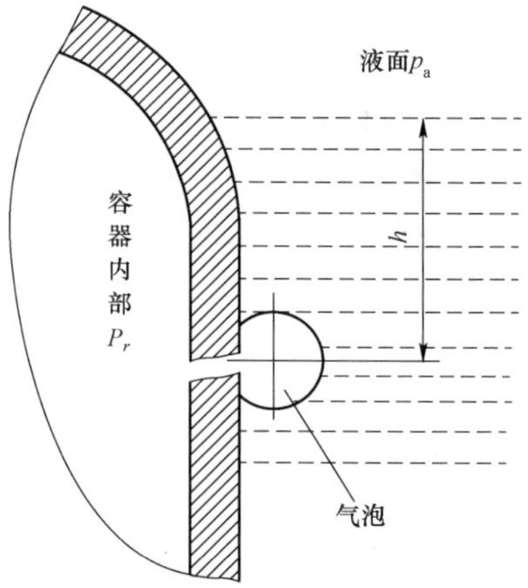

图 3-1 气泡产生的条件

3. 产生压力差的方法

为了对被检件作气泡泄漏检测，就要使其内外产生压力差。产生压力差的方法有三种：

(1) 打气法—直接对被检容器充入干燥而清洁的高压气体来产生压力差。常用的气体为空气和氮气。

(2) 热槽法—将示漏气体封入被检件，将其浸入热油槽。被检件中气体受热后压力升高，内外产生压力差。

(3) 抽真空法—将示漏气体封入被检件，将被检件浸入密封容器的显示液中，将显示液上部的空间抽成真空，从而使被检件内外产生压差。

在一般的气泡泄漏检测中，打气法和抽真空法应用较多。热槽法常应用于电子元器件的粗泄漏检测。

4. 浸泡法

本方法适用于在试验前经过密封，并且最大外形尺寸能允许它浸没在试验容器中的被检件。将被检件装好堵盖、堵帽、接头等工艺装备，连接充气管路，向被检件充气，使其压力上升到规定的数值。缓缓地将被检件放入水槽中，需检测的部位向上，使其处于便于观察的位置。仔细观察需检测的部位，是否有单个或成串气泡冒出，观察时间不可太短。要认真区分冒出的气泡是真漏还是假漏产生的。

从漏孔冒出的气泡，出泡的位置比较固定，出泡均匀而稳定，这是真漏。而假漏产生的气泡刚好相反，出泡的位置不固定，出泡不均匀，这种气泡往往是由于存在于某些缝隙中的气体或由一些粘附在被检件上的有机物放气造成的。

充气加压法泄漏检测的灵敏度与充气加压的压力有很大关系。比如有的小漏孔，充气压力为 0.2 MPa 不冒泡，改充 0.5 MPa 可能就冒泡了。但是充气压力的高低是设计文件规定好的，不是可以随意更改的。

当然，选用表面张力小的试验液、使用氢气或氦气等分子量比较小的气体对被检件充压，也可以提高泄漏检测灵敏度。

还有一种充气加压的气泡泄漏检测方法，适用于密闭的小型被检件，它没有可以充气的管口。首先将被检件放在压力罐中用高压气体加压，被检件若有漏孔，高压气体压入漏孔，内腔压力升高，从压力罐取出被检件后，迅速放入试验液中，便会从漏孔处冒出气泡。

5. 涂刷液体法(皂泡法)

本方法对于任何能在漏孔两侧产生压力差的被检件都是适用的。对于不宜采用浸泡法进行气泡泄漏检测的管路系统、压力容器、大容器、球及泵或大型设备都是适用的。这种方法过去称为皂泡法。但是，现在泄漏检测不一定使用肥皂水作显示液，所以称为涂刷液体法更准确一些。本方法包括两种方法。

(1) 充压法

在 ASME 标准中称为气泡试验，直接加压法。

对被检件(或系统)充气加压后，在被检件低压端一侧需要检测的部位涂刷显示液体(肥皂水或其他的显示液)，观察有无气泡产生。

在涂刷显示液时，让液体慢慢流到被检部位，以防止液体本身产生气泡。对法兰盘连接处，必须将法兰间的所有缝隙涂满显示液，才能准确判断该法兰盘密封面是否漏气。如果只涂半圈，漏出的气体有可能从没有涂显示液的位置跑掉，造成漏检。被检件(或系统)充气加压前，不要对被检件涂刷显示液体，以防阻塞小漏孔。充压法在核电役前和在役阶段均有应用，例如，RCV 系统的粗检，阀门安装后的粗检。

(2) 抽真空法

在 ASME 标准中称为气泡试验，真空罩法。

某些被检件不可能或不允许充气加压，但是又需要使用涂刷液体法作气泡泄漏检测，就可以使用抽真空法。它的泄漏检测原理是将能与被检零部件表面很好吻合的真空罩通过过渡接头与真空泵相连，在被检件表面均匀的施涂一层发泡剂，将真空罩扣在涂有发泡剂的零部件表面上，然后用真空泵将真空罩抽真空，保持压力差，如有泄漏点则泄漏点发泡剂会冒气泡，检测示意图详见图 3-2。

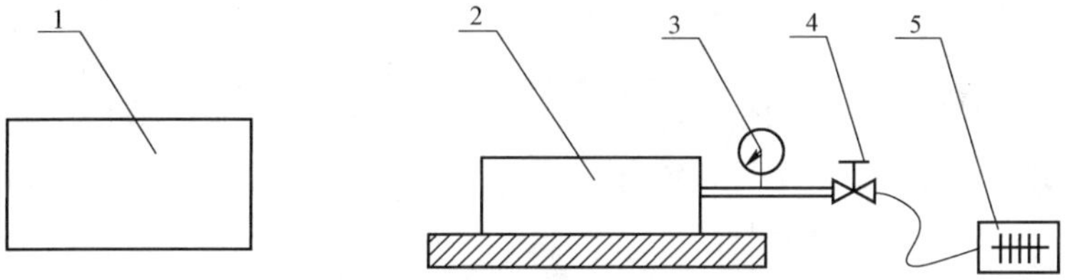

图 3-2 真空罩气泡泄漏检测示意图

1—试板；2—真空罩；3—真空压力表；4—真空阀；5—机械泵

真空罩上部应是透明或局部透明的，其上有抽真空的管口。同前面浸泡法抽真空的道理一样，泄漏检测时真空度不要太高(30～50 kPa 即可)，以免显示液体自身冒泡，造成对漏孔处冒泡的干扰。

6. 测量漏率的方法

气泡泄漏检测方法，属于检测精度要求不高的粗泄漏检测，一般只确定被检件是漏还是不漏，而不需定量。但并不是说气泡泄漏检测就不能定量。在某些情况下，气泡泄漏检测也可以定量。下面介绍两种在气泡泄漏检测中测量漏率的方法。

(1) 排液集气法

将被检件内腔充压到规定压力以后，浸入试验液体中，当发现泄漏点时，将标有体积刻度值的集气容器放置在泄漏点的上方，收集漏出的气体，排液集气法详见图 3-3，经过一定时间的积累，集气容器内的气体量会有一定的增加，根据积累时间和增加的气体量，即可由公式(3-2)算出被检件的漏率

$$Q=PV/t \tag{3-2}$$

式中：Q——被检件漏率，Pa·m³/s；

P——当地大气压，Pa；

V——集气容器的集气体积，m³；

t——积累时间，s。

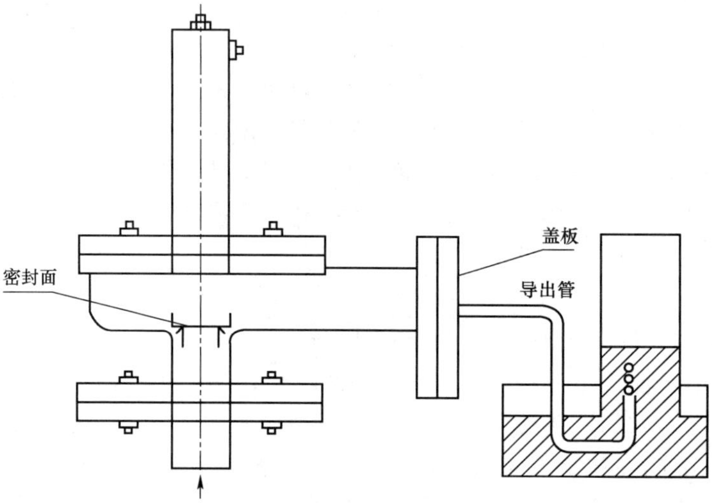

图 3-3 排液集气法示意图

（2）体积计算法

假定气泡为球状，若某一漏孔处气泡形成的频率为测得气泡在液面上的直径为D_b，此时，气泡内的压力P_b为大气压力P_a和液体表面张力σ引起的压力$4\sigma/D_b$之和，即：

$$P_b=P_a+\frac{4\sigma}{D_b} \tag{3-3}$$

对应于检测温度T和气泡内的压力P_b的体积泄漏率为：

$$L=n\,V_b=n\,\frac{\pi}{6}D_b^3 \tag{3-4}$$

式中：n——气泡形成的频率，s^{-1}；

D_b——液面上气泡的直径，m；

P_b——气泡内的压力，Pa；

P_a——大气压力，Pa；

σ——液体表面张力，N/m。

7. 影响泄漏检测灵敏度的因素

被检件内腔压力超过了临界压力是否肯定冒泡，是否肯定能发现这些冒泡，有三种可能：

（1）漏孔被杂质所堵塞不能产生气泡；

（2）漏孔比较小，形成气泡的时间比较长，观察时间短而不能发现气泡；

（3）气泡产生了，因冒泡时间极短，或冒出的气泡体积太小，而不能被发现。

对于第一种情况，在泄漏检测过程中要特别注意，不要因操作不当而堵塞漏孔，造成错判。

对于第二种情况必须估计在刚刚能够产生气泡时，形成一个气泡的时间大致有多长。在气泡泄漏检测中，是通过观察到气泡而判断是否有漏孔的，所以必须对形成气泡的时间有所了解。一个气泡形成的时间与很多因素有关，严格计算是很困难的。这些因素包括被检件内腔压力，漏率，试验液体性能等。内腔压力低，漏孔漏率小，漏孔的长度较长，试验液体的表面张力系数大，都会加长冒泡时间。泄漏检测时如果观察时间太短，就有可能漏检。另外冒泡时间长还会造成前后两个泡的间隔时间也会较长，假如第一个气泡没有观察到，等待观察第二个气泡的时间感觉就会更长，如果缺乏耐心，就更容易漏检。

对第三种情况，必须估计每种漏孔在一定条件下冒泡的总时间有多长。比如对一个内腔体积特别小而漏孔漏率又比较大的电子器件作热槽法气泡泄漏检测，将器件放入热氟油中，其内腔气体受热后压力升高，从漏孔漏出，形成气泡。由于内腔气体量太少，冒很少几个泡甚至只有一个泡，然后就再不冒泡了，冒泡时间很短，稍不注意就会漏检。所以在对小体积被检件作气泡泄漏检测时要特别小心。当然对于漏率很小的被检件，冒泡时间会很长，就不大容易漏检。

8. 降低灵敏度的因素

(1) 试验液中不是由被检件漏气而产生的气泡很容易造成错误判断。不是由被检件漏气而产生的气泡会干扰泄漏检测的正常进行，导致某些小漏孔漏出的气泡被掩盖，降低了泄漏检测灵敏度。

(2) 试验液中的微小杂质可能堵塞小漏孔，会降低泄漏检测灵敏度。所以保持试验液的清洁很重要。

(3) 试验环境光照不足，影响对小气泡的观察，也会降低泄漏检测灵敏度。

要提高气泡泄漏检测的灵敏度，就要注意上面提到的问题。

9. 提高灵敏度的因素

(1) 对被检件充入分子量较小的气体，对同一漏孔，在相同的温度和压差条件下，分子量小的气体比分子量大的气体容易通过漏孔，漏出的气体量要多，可以提高气泡泄漏检测的灵敏度；

(2) 选择表面张力系数小的试验液体，试验液体的表面张力系数小，漏孔出口处的液体对漏出来的气体的阻力就小，便于气泡的生成和浮起，也可提高气泡泄漏检测灵敏度。

空气的分子量是29，氮气是28，氦气是4，氢气是2。对被检件充氢气、氦气比充空气、氮气的泄漏检测灵敏度要高。但是氢气属易燃易爆气体，安全性差，不宜采用。氦气是惰性气体，很安全，但价格稍贵。所以一般作气泡泄漏检测使用洁净压缩空气或氮气的较多。

常用的试验液体是水、酒精、氟油等。比较而言，作气泡泄漏检测时F113的灵敏度最高，水的灵敏度最低。对被检件充氦气放入氟油F113中作气泡泄漏检测，能够检出较小的漏孔，若改用充相同压力的空气放入水中泄漏检测，就可能检不出来。

提高被检件的充气压力，也可以提高气泡泄漏检测的灵敏度，但压力的提高是有限度的，压力太高可能对被检件和人员造成损伤，而且充气压力往往已经在图纸或相关标准中作了规定，不能随意更改。

10．加压气泡泄漏检测注意事项

（1）被检件要在做过水压（强度）试验之后，才能做充气加压泄漏检测，加压压力必须符合设计文件的规定。

（2）要先充气，后放入试验液中看冒泡，以防小漏孔被试验液堵塞。

（3）泄漏检测之前，被检件要进行清洗烘干，疏通漏孔。

（4）使用氢气、酒精时，要严防火灾的发生。

11．检漏时的注意事项

（1）首先要弄清楚被检件能否承受正压，能承受多大压力等问题，以便决定是否可以采用打气试漏法以及充入多大压力的气体。

（2）检漏前要细致、认真地清洗焊缝，清除焊渣、油污和粉尘。

（3）检漏场地的光线要充足，水槽内的背景要暗，水要清洁透明，水面上不要有汽雾。

（4）被检件一定要先充气，然后放入水中，否则小孔可能被水堵塞，放入水中之前先用听音法检查有无大漏，排除大漏后再放入水中，否则将会影响小漏孔的检测。

（5）被检件刚放入水中时，在其表面上可能出现气泡，如果把这些气泡抹去或者捅破后气泡不再出现，则可以判断原来产生气泡的地方并没有漏孔。如果气泡是有规律地连续不断地出现，则产生气泡的地方就有漏孔存在。

（6）被检件在水中要放稳定，等水面静下来后再行观察。

（7）被检部位应尽可能地接近水面。

（8）发现漏孔要及时做上标记。有大漏孔时，要修补后再进行小漏孔的检查。

二、压力变化泄漏检测法

在 ASME 标准中称为压力变更试验。

1．静态压升泄漏检测法

将被检容器抽真空到一定压力后，或者容器内部压力小于环境压力时，关闭容器上的阀门；如果容器漏气，它的压力将随时间而上升。用相应的真空计测出时间 Δt 内压力的变化值 ΔP，根据容器的体积 V 可计算出容器的总漏率 Q，即：

$$Q=\frac{\Delta P}{\Delta t} \tag{3-5}$$

真空容器与泵隔开后，容器中的压力上升除了漏气因素之外，还有材料出气的因素。如果用真空计每隔一定时间测量一次容器的压力，就可以绘出四条压力与时间曲线来，见图 3-4 所示。

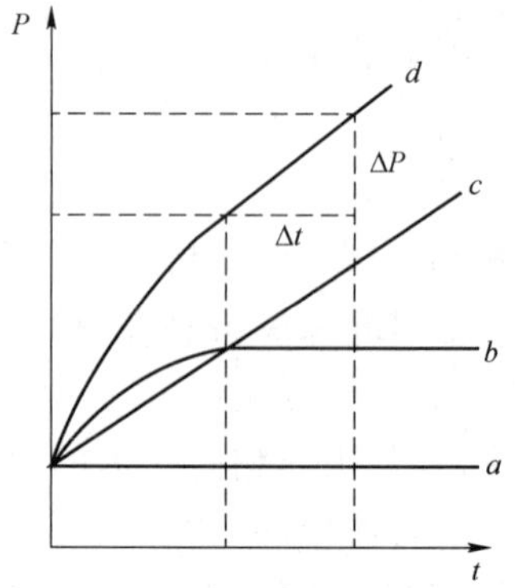

图 3-4　压力—时间曲线

直线 a：是一条平行于时间坐标轴的直线，压力不变。表示容器没有漏气和放气。这是一种最理想的状况。

曲线 b：表示容器中的压力上升速度开始较快，而后逐渐减慢，最后趋于平衡。表示容器存在放气，没有漏气。

曲线 c：是一条斜率为 $\Delta P/\Delta t$ 的斜线。表示只有漏气没有放气。这也是一种理想的状况。

曲线 d：开始压力上升较快，而后逐渐减慢，最后变成斜率为 $\Delta P/\Delta t$ 的一条斜线。说明容器既有漏气又有放气，曲线是由漏气和放气共同形成的，斜线部分是由漏气决定的。

如果出现斜线 c 和曲线 d 的情况，都说明容器有漏。利用直线部分的斜率，便可以计算出容器的总漏率来。

这种方法的泄漏检测灵敏度除了与容器本底压力、真空计的灵敏度有关外，还与测量时间、容器容积大小有关。本底压力低，检测时间长，容积小，泄漏检测灵敏度就高。

(1) 静态压升法漏率的确定

在真空技术领域中，通常用压力与容积的乘积来表示某一条件下泄漏的气体量，即泄漏率，其单位为 $Pa \cdot m^3/s$。

例 3-1：有一个容积为 10 m^3 的贮罐，用真空泵抽真空至 500 Pa，然后关闭阀门，经过 18 h 放置，真空表的压力为 15 000 Pa。问泄漏率是多少？

解：将 $P_1=500$ Pa，$P_2=15\ 000$ Pa，$V=10\ m^3$ $t=18\ h=6.48\times10^4$ S 代入式中得到：

$$L_{pv}=\frac{(P_2-P_1)V}{t}=\frac{(15\ 000-500)\times10}{(6.48\times10^4)}=2.24\ Pa\cdot m^3/s$$

(2) 静态压升法灵敏度

静态升压法的灵敏度与被检容器的容积大小、放置时间的长短和真空检测元件(真空计)的灵敏度有关。采用不同的真空计可测得的最小泄漏率是不同的。例如，热传导真空计的最小可检泄漏率为 1×10^{-6} $Pa\cdot m^3/s$，而电离真空计的最小可检泄漏率可达 1×10^{-9} $Pa\cdot m^3/s$。但是，由于被检物体表面和材料本身所含气体的蒸发、吸收和扩散，采用静态升压法可检出的最小泄漏率约为 5×10^{-7} $Pa\cdot m^3/s$。

(3) 静态压升法泄漏点的判断

采用静态升压法很容易得到被检设备的总的泄漏率，但不能具体判断出泄漏点。

2. 静态压降泄漏检测法

静态压降泄漏检测法通常用于测试被检件的总漏率。用干燥气体对被检件充压后，观察被检件内压力随时间的下降情况。如果被检件的容积为 V，在 Δt 时间内，被检件内的压力降为 ΔP，那么被检件的总漏率 Q 可计算出即：

$$Q=\frac{\Delta P}{\Delta t}V \tag{3-6}$$

这种方法的泄漏检测灵敏度与温度、环境大气压力、泄漏检测气体的湿度、测量时间长短、容器容积大小、检测压力表灵敏度等有关。

(1) 水压法泄漏率的确定

对压力容器或密封装置进行试验时，先将容器或密封装置内部装满水，再用水泵向里注水，观察设备或密封装置周围有无水漏出。检漏时必须耐心等待，直至水泄漏出来。因此，只能抽象地表示灵敏度的高低。根据被检物表面是否有水渗出，很容易判断出泄漏点。但是，对于结构比较复杂的设备，肉眼可能无法直接观察到泄漏点。只要水压不变，泄漏率大小就不会发生很大变化，因而可以获得较为一致的结果。当然由于检漏人员的观测技巧不同，检测结果也不会完全相同。除水泵外，水压法检漏无需大型、贵重设备，因而很经济。

例 3-2：用水压法检漏时，有经验的检漏人员认真进行试验，可观察出的漏水的最大限度为每分钟 10 滴，这时候水压法的灵敏度为多少？

解:通常可以认为,1 滴水的体积为 0.06 cm³。以体积泄漏率表示的灵敏度为:

$$\varepsilon_L=\frac{10\times 0.06}{60}=1\times 10^{-2}\ \text{cm}^3/\text{s}$$

(2) 静态压降泄漏检测法泄漏率的确定

静态压降泄漏检测法也称为加压放置法。设容器的容积为 V,停止加压时的压力为 P_1,放置 t 时间后的压力为 P_2,气体的温度为 T,从容器中漏出的气体的量用 ΔV 表示。

当示漏介质为气体,且压力不太高时

$$PV=\frac{m}{M}RT \tag{3-7}$$

折算到标准状态下气体的体积泄漏率为:

$$L_S=\frac{T_s}{T}\frac{P_2}{P_S}L=\frac{T_s}{T}\frac{(P_1-P_2)V}{P_S t} \tag{3-8}$$

式中:V——容器的容积,m³;

P_1——停止加压时容器内的压力,Pa;

P_2——放置 t 时间后容器内的压力,Pa;

P_S——标准大气压力,Pa;

t——放置时间,s;

T——气体温度,K;

T_S——标准状态下大气的绝对温度,K;

L——气体的体积泄漏率,m³/s;

L_S——标准状态下的体积泄漏率,m³/s。

例 3-3:容积为 10 m³ 的贮罐。用压缩机加压,下午 2 点时压力表的指针为 0.5 MPa,关闭阀门,停止加压,然后放置不动。到第二天上午 10 点钟,压力表指针为 0.4 MPa,气体温度为 20 ℃,问该贮罐的泄漏率为多少?

解:将大气压力近似取为 0.1 MPa,则 $P_1=0.6$ MPa、$P_2=0.5$ MPa。压力为 0.5 MPa、温度为 20 ℃ 时气体的泄漏率为:

$$L=\frac{(P_1-P_2)V}{P_2{}^t}=\frac{(0.6-0.5)}{0.5\times 20\times 3\ 600}\times 10=2.78\times 10^{-5}\ \text{m}^3/\text{s}=27.8\ \ \text{cm}^3/\text{s}$$

标准状态下:$T_S=273.15$ K,$P_S=1.013\ 25$ Pa,则折算到标准状态下气体的泄漏率为:

$$L_3=\frac{T_s}{T}\frac{P_2}{P_S}L=\frac{273.15}{293.15}\times\frac{0.5}{0.101}\times 27.8=102.59\ \ \text{cm}^3/\text{s}$$

(3) 灵敏度

压降法的灵敏度与被检容器的容积大小、放置时间的长短和压力检测元件(压力表、压力传感器)的灵敏度有关。延长放置时间可以提高灵敏度,但大多数情况下,装置是在晚上停止运转,放置到第二天早上,然后再观察压力的变化。因此,放置时间一般为几小时,最长约为 20 h 左右。

因此,提高灵敏度,一般不延长放置时间,而是缩小容积。把被检物体分成几个小部分。

此外,有时还要考虑到气体温度、压力的变化。例如,傍晚开始放置时和早晨读取压力时,温差可达 15 ℃。通过简单的计算可以发现,压力变化约有 7%左右。压力检测元件的灵敏度也会影响泄漏检测的灵敏度。例如,采用分辨率为 10 kPa 的压力表与采用分辨率为

1 kPa 的压力传感器，泄漏检测的灵敏度是不同的。显然，后者的灵敏度要比前者高得多。

压降法是一种最基本的检测方法，很容易得到被检设备或密封装置的总的泄漏率，其结果是最为可靠的，但不能具体判断出泄漏点。

3. 压降检漏法分析

(1) 静态压降检漏法压力差的确定

在通常的测试中，因为测试的压力为相对大气的压力，测试时的大气压力在不同的测试时间，测试地点都有较大的不同，在相对测量中还需对测试时的大气压及被检件中的压力进行测试。被检件中气体压力随着环境温度升高，随着环境温度的降低而减少，实际漏气引起的压力降应扣除温度和大气压的波动。目前采用下式确定压力差：

$$\Delta P=(P_1+A_1)-(P_2+A_2)\frac{T_1}{T_2} \tag{3-9}$$

式中：ΔP——这被检件泄漏造成的压力降，Pa；

P_1——保压前的被检件压力初值，Pa；

A_1——保压前的大气压初值，Pa；

T_1——保压前的被检件温度初值，K；

P_2——保压后的被检件压力终值，Pa；

A_2——保压后的大气压终值，Pa；

T_2——保压后的被检件温度终值，K。

(2) 常用压降检漏法误差分析

常用压降检漏法的绝对误差可用下式表示：

$$\Delta Q=\Delta(\Delta P)\frac{V}{t}+\Delta V\frac{\Delta P}{t}+\Delta PV\frac{\Delta t}{t^2} \tag{3-10}$$

相对误差如式(6-7)所示：

$$\frac{\Delta Q}{Q}=\frac{\Delta(\Delta P)}{\Delta P}+\frac{\Delta V}{V}+\frac{\Delta t}{t^2} \tag{3-11}$$

从式(6-3)可得：压力变化测量的绝对误差可用下式表示：

$$\delta_{\Delta P}=\left\{\delta_{P1}+\delta_{A1}+(\delta_{P2}+\delta_{A2})\frac{T_1}{T_2}+(P_2+A_2)\frac{\delta_{T1}}{T_2}+\left(\frac{(P_2+A_2)T_1}{T_2^2}\right)\delta_{T2}\right\} \tag{3-12}$$

式中：$\delta_{\Delta P}$——被检件压力降测量的误差，Pa；

δ_{P1}——被检件压力初值测量误差，Pa；

δ_{A1}——大气压力初值测量误差，Pa；

δ_{P2}——被检件压力终值测量误差，Pa；

δ_{A2}——大气压力终值测量误差，Pa；

δ_{T1}——被检件温度初值测量误差，K；

δ_{T2}——被检件温度终值测量误差，K。

由式(6-5)可得被检件有效容积测试的绝对误差：

$$\Delta V=\Delta V_b\frac{P_{b0}-P_{b1}}{P_{co}-P_{c1}}+V_b\frac{\Delta P_{b0}+\Delta P_{b1}}{P_{c0}-P_{c1}}+V_b\frac{P_{b0}-P_{b1}}{(P_{c0}-P_{c1})^2}(\Delta P_{c0}+\Delta P_{c1}) \tag{3-13}$$

式中：ΔV——被检件容积的误差，m^3；

ΔV_b——标准有效容积误差，Pa；

ΔP_{b_0}——标准容积压力初值测试误差，Pa；

ΔP_{b_1}——标准容积压力终值测试误差，Pa；

ΔP_{c_0}——被检件压力初值测试误差，Pa；

ΔP_{c_1}——被检件压力终值测试误差，Pa。

（3）湿度问题

在压力降检漏中，被检件一般都不进行预先抽真空，而是在大气本底的基础上充入检漏气体。检漏气体包含有水蒸气。如果温度低于露点温度，水蒸气将凝结在固体表面，这样水蒸气的压力将要从检漏气体的总压力中剔除。当温度高于露点温度，被检件中的水蒸气将蒸发而增加被检件空气中的总压力。水蒸气的分压力加上气体的真实压力构成了压力降检漏过程中的总压力。如果水蒸气的分压力在检漏过程中保持不变，由于被检件中的总压力满足理想气体方程，水蒸气的分压值可以剔除。然而，当温度发生变化，水蒸气的凝结和蒸发对恒定体积被检件中空气的总压力将产生较大的影响。如果不对水蒸气产生的影响进行校准，压降检漏法将产生较大的偏差。

因此高灵敏度的压降法检漏中，为了合理地计算漏率真值，当被检件中的温度低于露点温度时，必须从总压力中减去水蒸气压：$p_g=p-p_v$，这样降低偏差。

（4）数据处理及计算

在目前的压降检漏法中，大多数采用的是测试初值、终值二组测量数据的方法，这样测试数据较少，容易产生较大误差。而应该采用点到点的数据分析方法，每个次测量漏率 Qn 都是通过两个相邻测试点按式(3-14)计算出：

$$Q_n=\frac{W_n-W_{n-1}}{t_n-t_{n-1}} \tag{3-14}$$

在整个测试时间内，当绝对压力、漏孔尺寸都保持不变时，可以认为被检件的漏率也是恒定的。在这种情况下，将漏率测试点拟合成直线，最小平方关系要求总的平方偏差值最小。在点到点的压力变化检漏测试中，测试时间间隔相等，平方拟合的漏率值和算术平均值相等。这样，可以简化数据计算。平方拟合的漏率值可以用算术平均值代替。

$$Q=\frac{Q_1+Q_2+\cdots+Q_k}{K} \tag{3-15}$$

通过多次测量，采用平均漏率计算法来降低测试的偏差。其漏率的偏差值可以通过最小均方根计算。

（5）压力降检漏讨论

1）绝对压力变化检漏，在目前采用较高灵敏度的压力计和温度计，绝对压力的测试精度大约 50 Pa。要提高漏率测试灵敏度，可以增加保压时间。

2）在精确高灵敏度的测试中，当从处于大气压状态的被检件直接充入示漏气体时，要考虑环境温度变化引起的水蒸气变化，要删除水蒸气压力对总压力测量的影响。

3）采用高灵敏度的天平直接称重测量被检件的有效容积产生的测试偏差要比标准容积膨胀法的小。

4）采用逐点质量分析法，采用最小二乘法数据分析，可以减少分析偏差。

（6）提高灵敏度的方法

压力变化泄漏检测法的灵敏度和测压设备的最小可检压力紧紧相关。静态测试一般是在初始时间，某个间隔时间或泄漏检测的终止时间。这种静态测量的灵敏度主要和测试的间隔时间、测压仪器的最小可检压力有关。

压力变化泄漏检测中，温度和压力测试的精度越高，灵敏度就越高，因此，要尽可能地选择分辨率和精度较高的测温计和压力表。

压力变化泄漏检测中，对于体积较大的被检件，各处的温度、压力可能是不均匀的，所以测量温度、压力的测量点不能太少，测量点的分布应该合理。

三、氦质谱泄漏检测法

氦质谱泄漏检测是以氦气为示踪气体，使用质谱分析仪器进行密封检测的一种泄漏检测方法。其基本原理是将不同质量的气体电离，离子在磁场中按质量电荷比的不同，形成若干束离子流，在不同的轨道上做圆周运动。一个带电质点（离子）以速度 V 进入均匀磁场后，如果他的运动速度 V 的方向和磁场的方向垂直，则它的运动轨迹为圆。按下列公式可算出圆轨道半径 R 的具体数值：

$$R=\frac{1.44\times10^{-4}}{B}\sqrt{\frac{MU}{Z}} \tag{3-16}$$

式中：R——圆轨道半径，单位为米（m）；

B——磁感应强度，单位为特（T）；

U——气体电离后加在质点（离子）上的加速电压，单位为伏（V）；

M——气体的分子量，单位为克（g）；

Z——带电质点的电荷数。

氦质谱泄漏检测原理详见图 3-5。

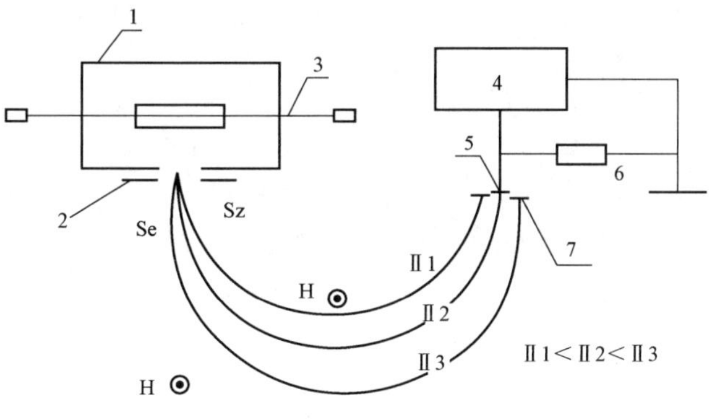

图 3-5　氦质谱泄漏检测原理图

1—离化室；2—加速极；3—灯丝；4—电流放大器；5—收集极；6—高阻；7—分析器出口电极

由以上公式可知，当 B、U 一定时，不同荷质比 M/Z 的离子将以不同的半径 R 偏转而彼此分开，质量小的半径小，质量大的半径大。

将用于气体电离的离化室、离子流做圆周运动的空间、收集离子流的收集极和加速极等集中放在一个密闭的盒子中，叫做质谱室（产生磁场的磁铁元件装在质谱室外面）。质谱室是氦质谱泄漏检测仪的核心部件，它必须在高真空条件下工作，所以将它连接在泄漏检测仪的真空泵上。

氦质谱泄漏检测仪制成后，磁感应强度 B 就是一个定值，在泄漏检测仪工作时 U 也是一个定值，在泄漏检测过程中通过被检件的漏孔，示踪气体氦同周围的空气一起被吸入到泄漏检测仪中，各种气体被电离后，在磁场中做圆周运动，只有氦离子形成的离子流所运动的轨迹通过收集极的位置，其他气体（如 H_2、H_2O、O_2、N_2 等）的离子流在磁场中运动的轨迹都不通过收集极。因此，在泄漏检测时，对被检件施加氦气后，如果工件有漏孔，进入被检件内腔的氦气就会漏入泄漏检测仪，电离后在磁场中作圆周运动的离子流，被泄漏检测仪的收集极收集到，经放大后，在泄漏检测仪的输出表上显示出来，漏入泄漏检测仪的氦气越多，显示的值就越大。这就是通过氦质谱泄漏检测仪确定被检工件是否有漏以及漏率大小的基本过程。

氦质谱泄漏检测是具有较高灵敏度的一种泄漏检测方法，它不但能够检测工件的微小泄漏、漏点位置，还能应用已知漏率的标准漏孔，给出被检工件的漏率大小，因此在国内外，它已被广泛应用于各种密封工件的检测。

1. 喷吹法泄漏检测

在 ASME 标准中称为示踪探头技术。在泄漏检测时，先用辅助泵将被检件抽真空，然后与调试好的泄漏检测仪连通，用氦气喷枪在被检件需要检测的部位喷吹氦气，如果有漏，氦气通过漏孔进入被检件内部并迅速进入到泄漏检测仪，由输出仪表指示出来。输出仪表读数变化的大小可以确定检出漏孔的漏率大小。喷枪喷吹的位置可以确定检出漏孔的位置。这是目前使用最普遍、最方便的一种氦质谱泄漏检测方法。当被检容器存在大漏时，可打开辅助阀，用辅助泵帮助抽真空，以维持氦质谱泄漏检测仪的正常工作真空度。由于辅助泵的分流作用，泄漏检测灵敏度要降低。因此辅助阀的打开程度应尽量小，以能维持泄漏检测仪的工作真空度为限。

抽真空喷吹法泄漏检测的最大优点在于可以准确的找到漏孔位置。泄漏检测系统如图 3-6 所示。

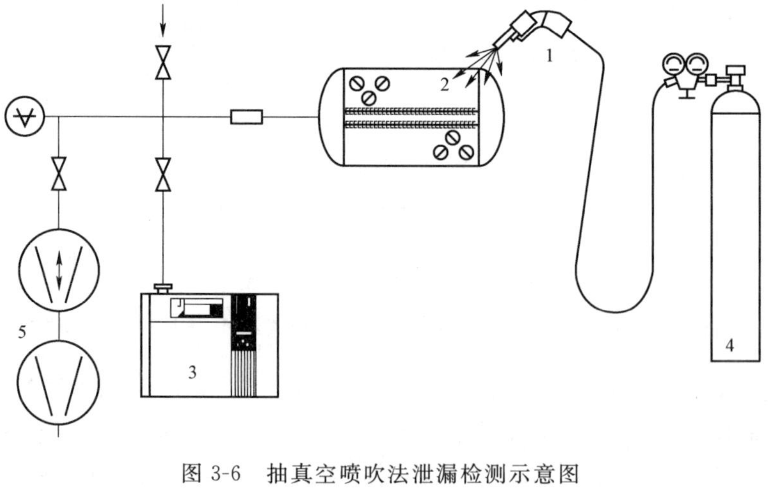

图 3-6 抽真空喷吹法泄漏检测示意图

1—喷枪；2—被测容器；3—氦质谱仪；4—氦气；5—辅助泵系统

2. 充压抽真空泄漏检测

泄漏检测时，先用辅助泵将真空室抽真空，然后与调试好的泄漏检测仪连通，对被检件充入氦气（为提高氦浓度，可以先将被检件抽真空后再充氦气）。当仪器输出指示数值增大时，证明被检容器有漏，由输出指示变化的大小可以确定被检容器总漏率的大小。这种泄漏检测方法已经应用于国内外大型航天器泄漏检测。将被检件放入一个真空室中，真空室与质谱仪相连，如图 3-7 所示。

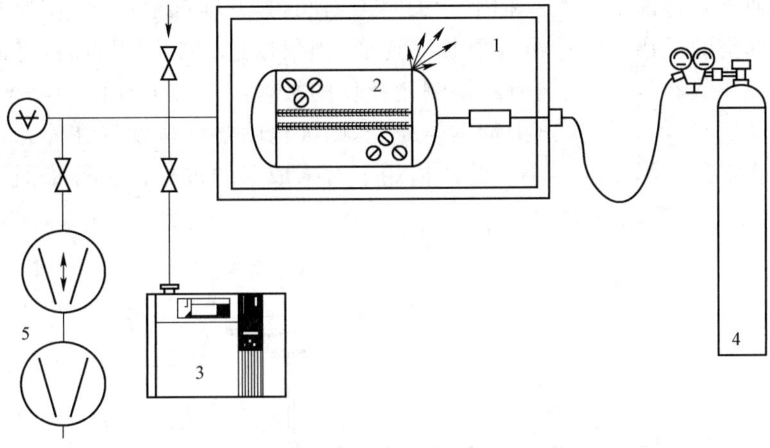

图 3-7　充压抽真空泄漏检测示意图

1—真空容器；2—被检容器；3—氦质谱仪；4—氦气瓶；5—辅助泵系统

3. 充压吸枪法泄漏检测

在 ASME 标准中称为探测器探头技术。将被检件内部充入高于大气压的氦气，然后用与泄漏检测仪相连的泄漏检测吸枪在被检件外面进行泄漏检测，如图 3-8。当被检件上存在漏孔时，氦气通过漏孔向外逸出。当吸枪正对漏孔位置，氦气被吸入泄漏检测仪而产生漏气反应，达到泄漏检测目的。所用连接吸枪的软管越短越粗越好，连接管内要清洁，要吸气、放气率小，最好选用金属软管，不宜采用橡皮软管。泄漏检测场地的空气不应该有太大的流动，吸枪在被检件表面移动的速度不能太快，且与被检件表面的距离不应太大，以免灵敏度

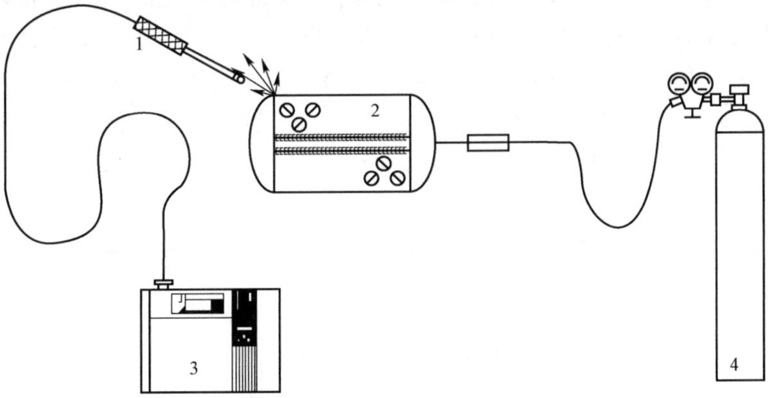

图 3-8　充压吸枪法泄漏检测示意图

1—吸枪；2—被检容器；3—氦质谱仪；4—氦气

降低。为了提高泄漏检测灵敏度,可在吸枪端头加一个罩子,使吸枪口氦浓度增加。这种方法的优点是可以准确的找到漏孔位置,缺点是与抽真空喷吹法泄漏检测相比,灵敏度较低。其有效最小可泄漏检测率比抽真空喷吹法要大 1～5 个数量级。

4. 泄漏检测盒法

将特制的能与被检零部件表面很好吻合的泄漏检测盒通过管道与质谱仪相连,如图 3-9 所示。泄漏检测时,将泄漏检测盒扣在被检零部件可疑表面上并密封好(可用真空泥密封),然后用辅助泵将泄漏检测盒抽空。关闭辅助阀,打开泄漏检测阀,使泄漏检测盒与事先已抽到极限真空的质谱泄漏检测仪质检室连通,当仪器达到工作压力后,将泄漏检测仪调整在泄漏检测工作状态,然后在被泄漏检测盒扣住的被检零部件的反面用喷枪喷吹氦气(也可用局部氦罩施氦)。如仪器输出指示发生变化,则喷枪喷吹部位便存在漏孔。由输出指示的变化值可以确定漏孔漏率的大小。此法适用于对未成形的被检件进行检涌。在零部件加工过程中,大量用于焊缝泄漏检测。

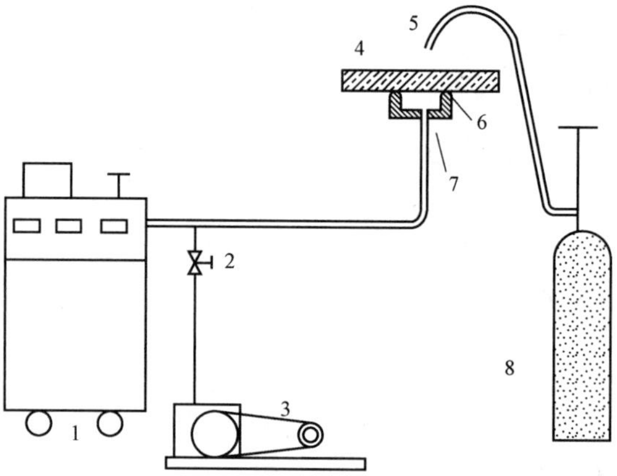

图 3-9 检漏盒法

1—检漏仪;2—辅助阀;3—辅助泵;4—被检件;5—喷枪;6—密封圈;7—检漏盒;8—氦气瓶

5. 吸枪累积泄漏检测法

将被检容器整体或局部用塑料或金属罩包起来(或将被检容器放入一密闭的集气容器中),罩子(或集气容器,下同)中均为一个大气压的空气,如图 3-10 所示。被检容器未充氦前,将与泄漏检测仪相连的吸枪插入罩子内,测出罩子内空气中的氦本底值 I_0。接着向被检容器中充入一定压力(与被检容器工作压力一致)、浓度为 γ 的氦气,若容器所罩部位有漏,氦气便通过漏孔进入罩内并被收集起来。经过时间 t 后,罩中的氦分压上升到某一值,将吸枪插入后,测得对应的输出指示值 I_1。然后将已知的纯氦气量 $q(P_0V_0)$ 注入罩子内,罩中氦分压将上升到另一值,此时,再次将吸枪插入罩内,测得对应的输出指示值 I_2。那么被罩部分的氦漏率 Q 便可以由下式算:

$$Q=\frac{P_0V_0}{(I_2-I_1)}(I_1-I_0)\frac{1}{tr} \tag{3-18}$$

值得注意的是,如果累积时间 t 较长,即要求吸枪的工作比较稳定。此外,如体积比较大,测试前,应采取措施,比如采用风扇搅拌方式,将罩内气体混合均匀。

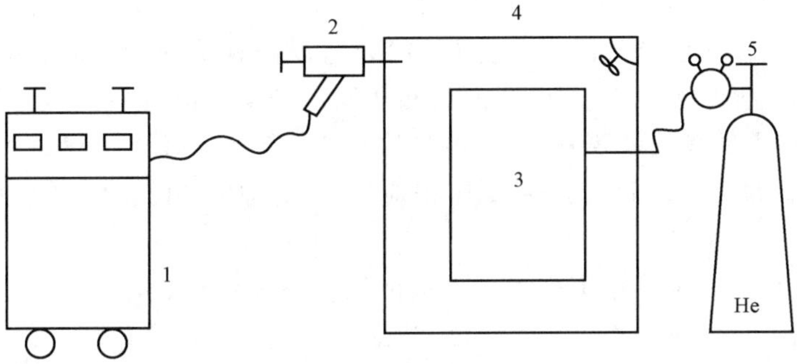

图 3-10 吸枪累积检漏法

6. 背压泄漏检测

当被检件为密闭型容器(如集成电路、手表、罐头等),既无法对其做抽真空泄漏检测,又无法做充压吸枪法泄漏检测,通常采用背压泄漏检测。

(1) 背压泄漏检测步骤

背压泄漏检测一般分为三步,如图 3-11 所示。

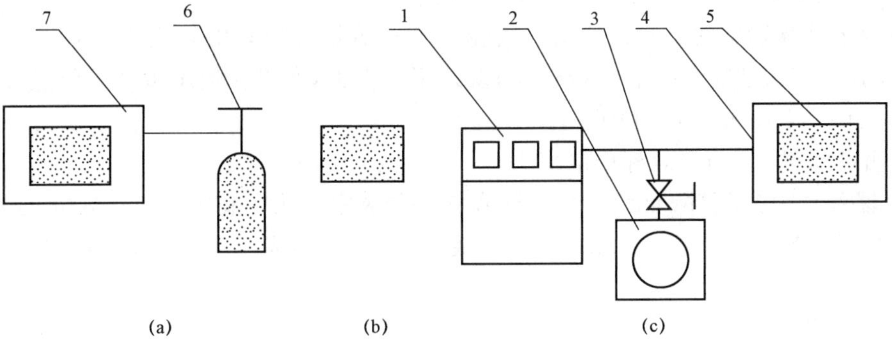

图 3-11 氦质谱背压泄漏检测示意图

1—泄漏检测仪;2—辅助泵;3—辅助阀;4—真空容器;5—被检件;6—氦气瓶;7—压力容器

1) 加压充氦:将被检件放置在压力容器中,预先对容器抽真空至 1 kPa 左右,再将纯度符合要求的氦气加进压力容器。加压的压力与加压的时间按标准或图纸规定。

2) 净化:被检件取出后,要用干燥的氮气或空气吹除表面吸附的氦。

3) 泄漏检测:把被检件放入真空容器,并使该容器与氦质谱泄漏检测仪相连。预先对真空容器抽真空,抽好真空后打开泄漏检测仪进行泄漏检测。若被检件有漏孔,则压入元器件内部的氦气会通过漏孔逸出进入泄漏检测仪,显示该被检件有泄漏。

(2) 漏率的计算

若被检件有漏孔,泄漏检测仪上会有一个漏率显示值,称之为测量漏率,以 R_1 表示。这个漏率值不是被检件的真正漏率,它与泄漏检测前对被检件加压充氦的压力 P_E,加压时间 t_1,被检件空腔体积 V,被检件加压完毕到泄漏检测之间的待检时间 t_2 均有关系,还与被检件自身的等效标准漏率 L 有关。

对体积相同的被检件加压充氦的压力 P_E 越高、加压时间 t_1 越长,进入被检件内腔氦气就越多，泄漏检测时，仪器显示的漏率值 R_1 就越大；等效标准漏率相同的被检件，其空腔体积越大，压入的氦气使内腔产生的氦气分压就越小，泄漏检测时，仪器显示的漏率值 R_1 就越小。待检时间 t_2 拖得越长，在未检测前从漏孔漏出的氦气就越多，到正式泄漏检测时，能进入到泄漏检测仪中的氦气就要减少，使测量漏率 R_1 变小。基于上述这些原因，在泄漏检测仪给出被检件的测量漏率 R_1 后，还要作相应计算，才能得出其真正的漏率，即等效标准漏率 L。

对于非常小的漏孔，可以用下列求近似值的简化公式代替。

$$R_1=\frac{7.23L^2\ P_E t_1}{VP_0{}^2} \tag{3-17}$$

$$L=\frac{P_0}{2.69}\sqrt{\frac{R_1 V}{P_E t_1}} \tag{3-18}$$

式中：R_1——测量漏率；

P_E——泄漏检测前对被检件加压充氦的压力；

P_E——泄漏检测前对被检件加压充氦的压力；

t_1——泄漏检测前对被检件加压充氦的加压时间；

V——泄漏检测前被检件空腔体积。

上面两个计算漏率的公式是按漏气气流为分子流推导出来的。当 $L<10^{-6}\ \mathrm{Pa\cdot m^3/s}$ 时，通过漏孔的气流状态可以看作分子流，误差不是太大，所以在使用该计算公式时，应特别强调当 $L<10^{-6}\ \mathrm{Pa\cdot m^3/s}$ 才可使用。

(3) 测量漏率 R_1 与等效标准漏率 L

测量漏率 R_1 与等效标准漏率 L 之间存在函数关系。为了将 R_1 与 L 之间的关系看得更清楚，将上述公式(在将 P_E、t_1、t_2 和 V 设置一定值后)制成图 3-12 所示曲线。

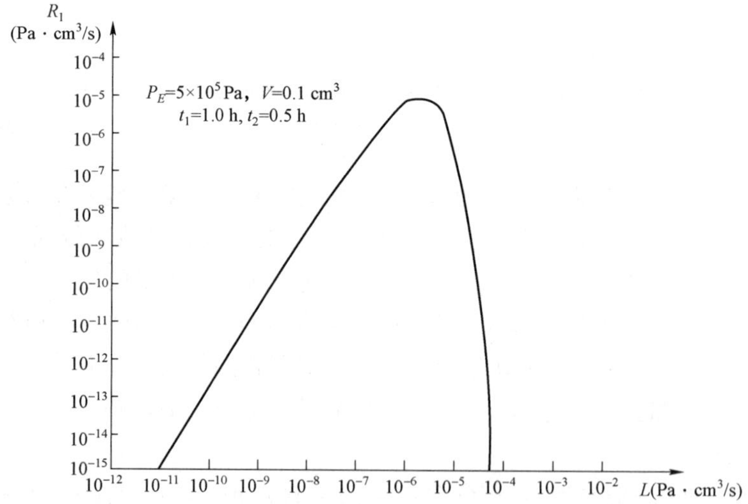

图 3-12 测量漏率(R_1)与等效标准漏率(L)关系曲线

从曲线可看出以下两个特点：

1) 每一测量漏率 R_1 对应两个等效标准漏率 L

泄漏检测仪上有一个测量漏率，被检件可能存在一个较小的漏孔，也可能存在一个较大的漏孔。最典型的情况，是当测量漏率 R_1 为 0 时，元器件可能是不漏的，也即在加压时没有氦气进到元器件内腔中，则泄漏检测时无泄漏显示；但也可能被检件有大漏孔，在加压时氦气通过漏孔进入了内腔，但在卸压后的净化过程中和泄漏检测前的抽真空过程中，进入被检件内腔的氦气又逃逸掉了，因而在泄漏检测时泄漏检测仪上无泄漏显示，所以在泄漏检测仪的测量漏率 R_1 为"0"时，被检件的真实状况可能是"不漏"或大漏。

2）R_1 有极值

氦质谱背压泄漏检测时，当漏率大到一定程度后，就检测不出实际的漏率，也即泄漏检测范围有极限。

基于上述两个特点，所以被检件做过了氦质谱背压泄漏检测（也称为细泄漏检测）后，还必须用其他方法来检测它是否存在大漏（也称为粗泄漏检测）。通过粗泄漏检测，确认被检件无大漏后，才能判别 R_1 所对应的 L 是较小的那个漏率数值，从而确定被检件的密封性是否合格。

（4）细泄漏检测与粗泄漏检测

1）粗泄漏检测是细泄漏检测的后续工序

如前所述，氦质谱背压泄漏检测从泄漏检测仪上获得的数据，它对应两个可能的漏率值。所以在氦质谱背压泄漏检测后，应做粗泄漏检测。根据细泄漏检测、粗泄漏检测所获得的完整数据，才能判别被检件是否合格。

2）细泄漏检测不能代替粗泄漏检测

在泄漏检测实践中，一般地讲，可以用灵敏度高的代替灵敏度低的方法。但是在对于背压泄漏检测中，灵敏度高的氦质谱泄漏检测是不能代替灵敏度低的粗泄漏检测方法的。

3）细泄漏检测和粗泄漏检测应选配灵敏度能相互衔接的方法

作氦质谱背压泄漏检测时，存在一个最大可泄漏检测率的极限值，漏率再增大，就无法检测了。粗泄漏检测的方法有许多种，每种方法的最小可泄漏检测率（即灵敏度）都不一样。到底选哪一种粗泄漏检测方法，不可随意搭配。应考虑使其灵敏度能相互衔接。

4）细泄漏检测、粗泄漏检测的先后顺序

一般要先作细泄漏检测，后作粗泄漏检测，这是因为目前常用的细泄漏检测方法是氦质谱背压泄漏检测。常用的粗泄漏检测方法是氟油泄漏检测。如果先作粗泄漏检测，一部分小漏孔就可能被堵死了，以后作细泄漏检测就会检不出来。如果粗泄漏检测的方法不影响原有漏孔的状态。则这种粗泄漏检测方法安排在细泄漏检测之前也是可以的。

7. 负压采样法

负压采样法既非正压法，又非负压法。该法是将被检查的容器抽空，示漏物质施加在外面。如果被检容器有漏孔，示漏物质是通过漏孔进入容器被真空泵抽出。使用一个与检漏仪连接的吸枪在泵的排气出口处采集示漏物质样品，从而判定漏孔的情况。负压采样法系统详见图 3-13。

其具体工作工艺规程为：被检体抽空（低真空或高真空）-喷枪喷射示踪气体-吸枪在泵口收集样品。它有别于负压分流喷吹法。它不受被检容器大小、真空度高低和工作间的环境温度的影响。不过它只适用于排出式抽空系统，不适用于内吸气泵抽气系统。该法已用在火力发电厂、核电站的真空凝汽器。凝汽器冷却管不停机检漏上。

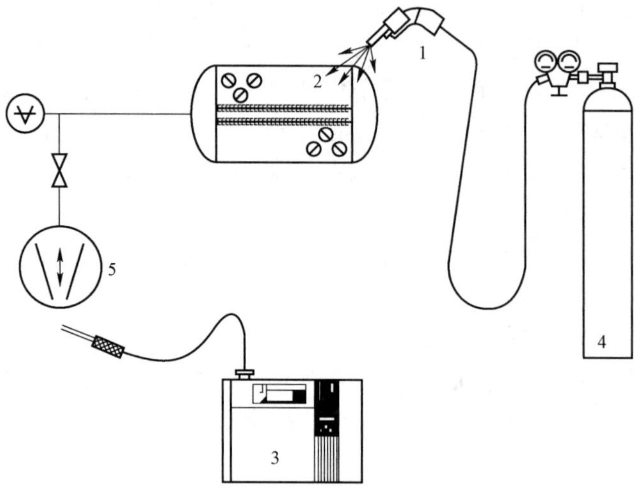

图 3-13　负压采样法系统连接示意图

1—喷枪；2—被检容器；3—氦质谱仪；4—氦气瓶；5—辅助泵

（1）负压采样法的检测灵敏度

负压采样法是介于负压法和正压法之间的一种新方法，它集两种方法之长处，具有不充探索气体，不要求被检件抽高真空，不破坏密封容器的真空系统和吸枪位于被抽检漏件的排气口的特点，因此检漏灵敏度决定于工作真空泵的抽速，特别适合运用于大容器和复杂器件，在线排气器件的检漏。负压采样法的检测灵敏度决定于两个部分：

1）负压系统末级出口泵的大小、抽速及出口泵（机械泵）油池的尺寸及油路安排；

2）吸枪检漏仪的灵敏度。

由于上述两个原因负压采样法的检测灵敏度低于吸枪检漏的灵敏度 10^{-8} Pa·m^3/s 氦气在油池中要被吸收一部分，国产大型油浸式旋片泵。用油量为十几升，此法无法运用。

（2）负压采样法的响应时间

由于受大容器长通导的影响，负压采样法的响应时间很长，如火力发电厂真空凝汽器的检漏，选择一点最长最远点 60～120 s。大型真空熔炼炉最长最远点也选择 60 s，负压采样法的响应时间选择主要决定于被检件容器大小和被检件距采样点的远近而定，可 3～120 s，其响应时间包括两部分："大漏孔"反应时间快消失时间长，"小漏孔"反应时间慢消失时间少，在工作采样点，注意通风或空气流通。

（3）负压法与负压采样法的比较

负压法与负压采样法比较见表 3-3。

表 3-3　负压法与负压采样法的比较

序号	内容	负压法	负压采样法
1	工作真空度	严格的要求	任意
2	对工作介质（水、油）	影响阴极、真空泵油寿命	无要求
3	新安装和检修后真空度很差的机组	无法启动（或配辅助泵）	无影响

续表

序号	内容	负压法	负压采样法
4	安全性	要拆卸运转的真空系统，连接仪器	安全、可靠
5	安装	附加节流阀、辅助泵阀、管道等设备	简单、方便
6	操作	本底不稳定（受环境与真空系统本身影响）	反应与消失直接读数，不受条件影响
7	重复性	差	一致
8	灵敏度	大于 10^{-8} Pa·m^3/s 小于 10^{-8} Pa·m^3/s	相同 不可能
9	工作温度	小于 45 ℃	不受温度影响
10	大容器（大于 30 m^3）的响应时间	负压分流法反应时间为 10～30 min	不大于 3 s
11	大容器检漏时间（上千个密封点）	20～30 d	2～3 d

（4）正压法与负压采样法的比较

正压法与负压采样法比较见表 3-4。

表 3-4　正压法与负压采样法比较

序号	内容	正压法	负压采样法
1	设备与真空系统	抽气→充气→气体回收	抽空
2	充气压力	灵敏度与压力大小成一定比例关系	无关
3	气体纯度	灵敏度与气体纯度成正比	影响不大
4	设备配置	抽气系统、充气系统、回收系统	抽空系统
5	费用	昂贵	价廉
6	检测灵敏度	决定于压力和纯度	决定于泵的抽速
7	响应时间	吸枪响应时间	吸枪响应时间加气体抽气时间

（5）负压采样法特点

1）负压采样法介于正压法和负压法之间，是两者的有机结合，它集两种方法之长处；

2）负压采样法可以提高生产率，提高产品的可靠性、并降低造价；

3）负压采样法不受被检容器大小的影响，不受被检容器真空度高低的影响，不受工作件环境温度的影响；

4）负压采样法只适用于“排出式”抽空系统，如分子泵、扩散泵、罗茨泵、旋片泵、滑泵、干泵等，不适用于内吸气泵抽气系统，如离子泵、升华泵等；

5）负压采样法已应用在全国火力发电厂真空凝汽器不停机检漏工作中，也应用在各种工业的大容器检漏与在线检漏上。

8. 几种氦质谱泄漏检测方法比较

质谱泄漏检测中几种检测技术的比较详见表 3-5。

表 3-5 几种氦质谱泄漏检测技术的比较

标准内容	充压吸枪法泄漏检测（探测器探头技术）	喷吹法泄漏检测（示踪探头技术）	护罩技术
检测对象	充压部件	抽空部件	抽空部件
检测结果	定位，半定量	定位，半定量	定量
仪器灵敏度	1×10^{-10} Pa·m³/s	1×10^{-10} Pa·m³/s	1×10^{-10} Pa·m³/s
校准仪器用标准漏孔类型	渗透型标准漏孔	渗透型标准漏孔	渗透型标准漏孔
校准系统用标准漏孔类型	毛细管型标准漏孔	毛细管型标准漏孔	渗透型标准漏孔
示踪气体	氦气	氦气	氦气
示踪气体浓度	至少 10%体积浓度	100%	100%
系统校准频度	检测前、检测中间每隔不超过 2 h、检测后。	检测前、检测中间每隔不超过 4 h、检测后。	
保压时间	至少先保持 30 min		
扫查方向	先下后上	先上后下	
扫查距离	3.2 mm	6 mm	
验收标准	$\leqslant1\times10^{-5}$ Pa·m³/s	$\leqslant1\times10^{-6}$ Pa·m³/s	$\leqslant1\times10^{-7}$ Pa·m³/s

四、渗透泄漏检测

渗透泄漏检测就是将含有染料或其他化学物质的渗透剂涂覆在被检件一侧的表面上，若被检件存在穿透性缺陷，渗透剂将在毛细（或压力差）作用下进入缺陷内部并从被检件的另一侧表面渗出，从而发现泄漏源。该方法针对要求密封的焊缝或母材，且用于无法进行充压或抽真空的管道、容器、隔板等被检件。

1. *着色渗透泄漏检测技术*

着色渗透泄漏检测就是常规无损检测的着色渗透检测技术，着色渗透检测技术一般应用于表面缺陷的检测，而着色渗透泄漏检测用于穿透性缺陷的检测。

在泄漏检测中要注意掌握渗透时间，渗透时间不够，就有可能造成漏检。渗透时间的选择可以用工艺试验进行确定。一般地说，漏孔越小，被检零件的厚度越厚，需要的渗透时间越长。渗透时间越长，则检测灵敏度越高，发现的漏孔越小。

着色渗透检漏是应用范围最广泛检漏方法之一，比较适合于表面光洁的零件和焊缝的检测，特别适合于大零件所局部检测和非批量零件的检测和现场检测。检测前对被检零件的两个侧面进行预清洗，然后在一个侧面上施加渗透剂，注意施加过程中不能让渗透剂粘污被检零件的检查表面，在渗透过程中注意保持渗透面的渗透剂始终为湿润状态。渗透结束后在试件的观察表面焊缝区域进行观察，若存存较大漏孔时会用肉眼直接发现渗出的带色的渗透剂，另外也可以使用显像剂进行显像观察，着色渗透泄漏检测一般使用非水湿显像剂显像，因而具有较高的检测灵敏度。这种渗透剂的渗透速度很快，因此在检测中注意掌握渗透时间。渗透时间的选择可以用工艺试验进行确定。方法是利用已知漏孔的试件进行渗透试验，计算观察到漏孔显示所需的时间。一般来讲，漏孔越小，被检零件的厚度越厚则需要的渗透时间越长，反过来渗透时间越长则检测灵敏度越高，发现的漏孔越小。渗透时间为

2～20 min，由于渗透检测的缺陷检测是单面检测因此需要的渗透时间比较短；而在渗透泄漏检测中，渗透时间一般应不小于15 min，这主要根据被检材料的厚度和检漏灵敏度要求来决定。

（1）着色渗透泄漏检测技术优点

1）设备、材料都比较简单，工艺操作过程简单、方便，易于野外和现场检查；

2）漏孔污染对检漏灵敏度影响不像荧光渗透检测的影响那样严重。零件在预清洗中残留的酸、碱对着色渗透剂的破坏不明显。

（2）着色渗透泄漏检测技术不足

1）所用材料多数可燃，因此现场需要特别注意用火和防火安全；

2）在粗糙表面上使用时容易造成假显示或者漏检，特别是吹砂表面。

2. 荧光渗透泄漏检测技术

荧光渗透泄漏检测就是常规无损检测的荧光渗透检测技术。用于穿透性缺陷的检测。一般地说，各种荧光渗透剂都可以用于泄漏检测，其中高灵敏度的后乳化型荧光渗透剂最为常用。这是因为后乳化型荧光渗透剂具有高的渗透能力和荧光亮度，泄漏检测时，不需要清除表面多余的渗透剂，因此各种表面（包括粗糙表面的零件）均可采用高灵敏度的后乳化型荧光渗透剂进行泄漏检测。

泄漏检测用的荧光渗透剂的荧光颜色多种多样。我们应根据零件表面的颜色来选择不同荧光渗透剂的荧光颜色。例如零件的油污在黑光灯下会发出蓝色荧光，有的电真空器件电极上本身就涂有发蓝色或绿色的荧光粉，因此可以采用红色荧光渗透剂，这样在黑光灯下蓝背景上的红色荧光十分醒目。

荧光渗透检漏是一种灵敏度较高的渗透泄漏检测方法，其处理过程和工序与着色渗透泄漏检查基本一致，仅在观察漏孔时需要借助黑光灯和暗室，清洗时根据荧光渗透剂的种类不同其处理方法略有差异。

荧光检测的渗透时间比着色检测的渗透时间要长，最长的甚至达到24 h。当然在具体检测中一定要根据所选渗透剂的品牌和性能，以及被检件的检漏灵敏度和渗透厚度来具体选择。

（1）荧光渗透泄漏检测的主要优点

1）被检件的漏孔显示在悬光灯下有明亮的荧光和高可见度，这是与其他渗透泄漏检测的主要区别和优势所在；

2）对被检件表面要求不高，无论复杂工件和粗糙表面甚至变截面之处都能正常显示漏孔；

3）泄漏检测灵敏度高，定位准确。

（2）荧光渗透泄漏检测的主要不足

1）渗透剂配方复杂，使得这种渗透剂容易受到污染变质。例如有的渗透剂中水分过多时会造成渗透剂溶液浑浊产生分离、沉淀，最终造成检测灵敏度降低；

2）酸的污染对检测灵敏度有较大的影响，因此在预清洗后一定要冲洗干净再做检测；

3）荧光渗透检测需要暗室和黑光灯，观察漏孔必须在黑光灯下进行。

一般地讲，各种荧光渗透剂和着色剂都可以用于泄漏检测，其中高灵敏度的后乳化型荧光渗透剂最为常用。这是因为后乳化型荧光渗透剂具有高的渗透能力和荧光亮度，探测泄漏时，不需要清除表面多余的渗透剂，因此各种表面(包括粗糙表面的零件)均可采用高灵敏度的后乳化型荧光渗透剂进行检测。

五、声发射泄漏检测

1. 声发射泄漏检测的原理

当气体在一定压力作用下从漏孔泄漏时，会在漏孔处发出低频的机械波，其频率范围可从几赫到几百千赫，利用声发射传感器接收来自泄漏部位的声信号，然后将该信号转变成电信号并放大后传送至声发射主机，经过分析处理就可以发现泄漏的位置和漏率的大小等信息。声发射泄漏检测根据被检件的不同，其频率范围可从几千赫到几百千赫，一般来说频率越低则可以检测到距离更远、漏率更小的漏孔。

基本原理如图 3-14 所示。

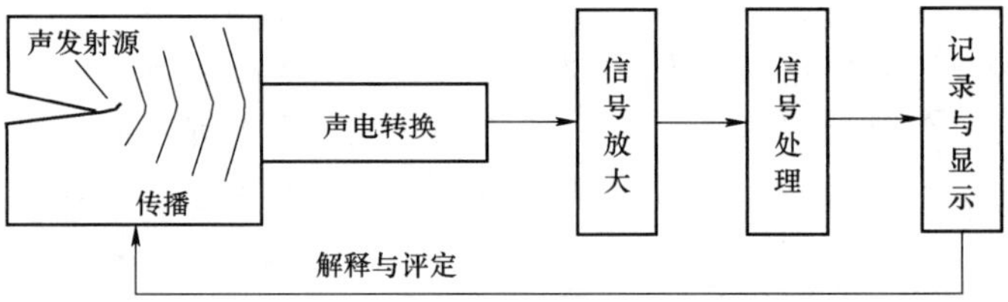

图 3-14　声发射技术基本原理

2. 声发射检测的主要目标

(1) 确定声发射源的部位；

(2) 分析声发射源的性质；

(3) 确定声发射发生的时间或载荷；

(4) 评定声发射源的严重性。

一般而言，对超标声发射源，要用其它无损检测方法进行局部复检，以准确确定缺陷的性质与大小。

3. 声发射技术的特点

与其他无损检测方法相比，声发射技术具有两个根本的差别：

(1) 测动态缺陷，而不是检测静态缺陷，如缺陷扩展；

(2) 陷本身发出缺陷信息，而不是用外部输入对缺陷进行扫查。

4. 声发射技术的优点

(1) 可检测对结构安全更为有害的活动性缺陷。由于提供缺陷在应力作用下的动态信息，适于评价缺陷对结构的实际有害程度；

(2) 对大型构件，可提供整体或大范围的快速检测。由于不必进行繁杂的扫查操作，而只要布置好足够数量的传感器，经一次加载或试验过程，就可确定缺陷的部位，从而易于提高检测效率；

(3) 可提供缺陷随载荷、时间、温度等外变量而变化的实时或连续信息，因而适用于工业过程在线监控及早期或临近破坏预报；

(4) 由于对被检件的接近要求不高，而适于其它方法难于或不能接近环境下的检测，如高低温、核辐射、易燃、易爆及极毒等环境；

(5) 由于对构件的几何形状不敏感，而适于检测其他方法受到限制的形状复杂的构件。

5. 声发射技术的局限性

(1) 声发射特性对材料甚为敏感，又易受到机电噪声的干扰，因而，对数据的正确解释要有更为丰富的数据库和现场检测经验；

(2) 声发射检测，一般需要适当的加载程序。多数情况下，可利用现成的加载条件，但有时，还需要特别准备；

(3) 声发射检测所发现缺陷的定性定量，仍需依赖于其他无损检测方法。

6. 声发射技术的应用

(1) 其他方法难以或不能适用的对象与环境；

(2) 重要构件的综合评价；

(3) 与安全性和经济性关系重大的对象。

声发射技术不是替代传统的方法，而是一种新的补充手段。

思考题

1. 泄漏检测方法有哪几种？
2. 氦质谱检漏法的灵敏度决定于哪些因素？
3. 氦质谱检漏的原理是什么？

第四章　核设备及管道焊缝泄漏检测

第一节　蒸汽发生器传热管的氦质谱泄漏检测

一、被检对象

蒸汽发生器的主要功能是作为热交换设备将一回路冷却剂中的热量传给二回路的给水，使其产生饱和蒸汽供给二回路动力装置，结构示意图见图 4-1。放射性污染二回路系统一般通过两种途径，一个是蒸汽发生器传热管发生破裂，另一个是高压冷却剂经管子-管板间隙（胀接处或密封焊破裂）向二次侧泄漏。水压试验和涡流均有局限性，由于二次侧向一次侧的泄漏量一般很小，采用水压试验从下封头水室检测无法检出较小泄漏，而涡流检测在管子-管板处存在扫查盲区，且检测灵敏度偏低。因此，采用氦质谱泄漏检测方法是检查微量泄漏比较有效的方法。

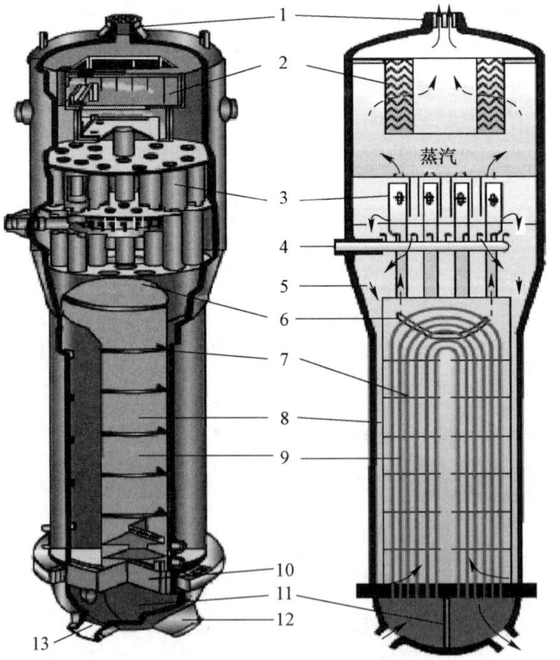

图 4-1　蒸汽发生器结构示意图

1—蒸汽出口管嘴；2—蒸汽干燥器；3—旋叶式汽水分离器；4—给水管嘴；5—水流；6—防振条；7—管束支撑板；8—管束围板；9—管束；10—管板；11—隔板；12—冷却剂出口；13—冷却剂入口

二、检测条件

设备检测前需要满足如下条件：

(1) 被检机组已停堆并且蒸汽发生器一次侧的水已排空；

(2) 在役检查期间蒸汽发生器房间应建立污染隔离区并提供必要的辐射防护器材；

(3) 蒸汽发生器一次侧人孔打开，人孔螺栓和人孔盖已卸下和移出，人孔密封面保护环已安装；

(4) 蒸汽发生器二次侧人孔、手孔打开，螺栓和盖板已卸下和移出，并安装好干燥充气专用的封堵盖板；

(5) 蒸汽发生器主管道堵板已安装就位；

(6) 蒸汽发生器二次侧相关系统已经隔离(ARE/ASG/APG/VVP 等)；

(7) 蒸汽发生器一次侧应清洁并且已烘干，温度要求低于 50 ℃；

(8) 符合要求(纯度大于 97.5%)的氦气；

(9) 提供二次侧烘干加压用空压机组(压缩空气质量满足 ISO8572-1 的要求，露点小于−20 ℃，压力为 8 bar，流量≥500 m^3/h)。

三、检测系统

检测系统包括核岛内及核岛外两个主要部分，其中气体供应及数据采集与分析位于核岛外，检测设备位于核岛内，系统组成详见图 4-2。

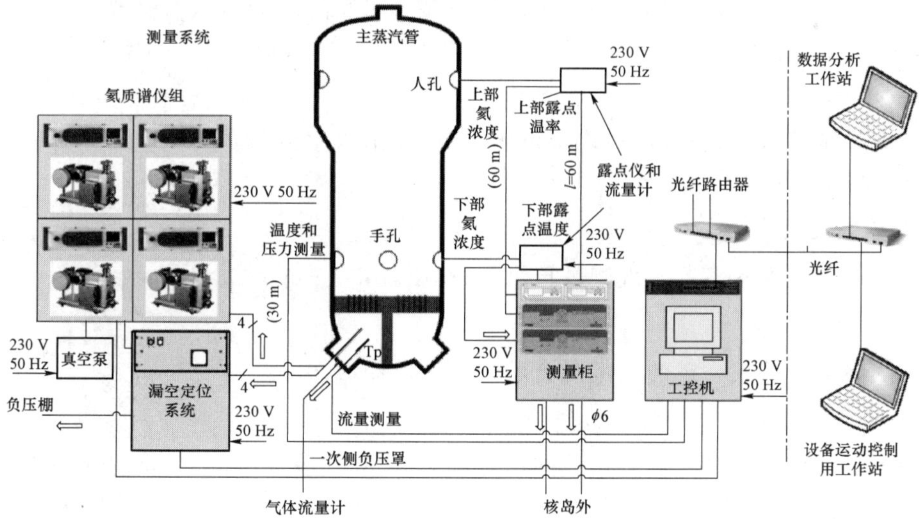

图 4-2　检测系统图

1. 氦质谱检漏仪

检测使用 4 套 INFICON LDS2010 型检漏仪(或其他相同/更高性能的检漏仪)搭配 4 套 QT-100 型 20 m 快速吸枪，用于对传热管内吸出的气体进行氦分压分析。

2. 吸气装置

吸气装置由 4 根独立的吸气套筒组成(分别标示为 A/B/C/D),每根套筒与一台氦质谱检漏仪的快速吸枪连接。吸气装置可以通过快速接口安装至 PEGASYS 上。检测时吸气装置可以同时分别覆盖 4 根被检传热管,利用流量控制系统将传热管内部气体吸出,供氦质谱检漏仪分析。吸气装置结构详见图 4-3。

图 4-3 吸气装置

3. 吸气装置定位器

检测期间使用 PEGASYS 爬行器式定位器对吸气装置进行定位,以保证吸气装置能够被移动到检查计划内的所有传热管下方。

4. 流量控制机柜

流量控制机柜由 4 台气体质量流量调节器及一台真空泵组成。用于吸出被检传热管内部的气体。

5. 物理数据测量机柜

物理数据测量机柜用于监测蒸汽发生器一二次侧的物理状态参数。主要监测设备(允许使用其他相同/更高性能的监测设备)如下:

(1) 2 个温度探测器(分别放在一二次侧);

(2) 2 个湿度计,用于测量蒸汽发生器二次侧上下部的露点温度;

(3) 2 台热导式析气仪,用于测量蒸汽发生器二次侧上下部的氦气浓度;

(4) 1 个压力传感器。

6. 一次侧人孔吹扫装置

用于安装于一次侧人孔,通过连接负压风机,吸出水室内气体,防止氦气聚集在传热管上部。

7. 气体分配器

将压缩空气注入蒸发器二次侧进行烘干、充压。

8. 混气装置

将空气与氦气按照一定的比例混合后注入蒸发器二次侧。

9. 计算机及数据采集和分析软件

检测人员可使用计算机通过局域网与氦质谱仪、吸气装置定位器、物理数据测量控制器进行通讯,并可通过采集软件控制氦质谱仪和定位器来实现传热管数据的采集。在氦检漏检测期间,所有的工作(包括运动控制、数据采集、数据分析和数据管理等)都能同时在线进行。所有得到的数据都可在存储介质中进行存储以用于数据备份和数据分析。检查计划可通过数据管理软件传输到采集计算机以便数据采集人员按照预先编制的计划完成蒸汽发生器传热管的数据采集工作。数据分析在安装有数据分析软件的计算机上进行,所有的原始数据和分析结果都可保存在存储介质(硬盘或光盘)中。

所使用的软件有:

(1) 主控电脑,用于同步控制爬行器和采集软件;

(2) 数据采集分析软件;

(3) 物理数据测量软件。

10. 数据记录用硬盘或光盘

硬盘用于对数据的临时记录,光盘驱动器用于刻录数据光盘,并将刻录的数据光盘作为数据存储的最终介质。

11. 通讯系统

由音频控制单元、耳机、麦克风及通讯电缆组成,用于核岛外检测人员与核岛内检测人员之间的通讯。

12. 视频监视系统

由管板视频监视系统、水室设备监视系统两个独立的系统组成。管板视频监视系统的摄像头安装在吸气装置上,摄像头上带有固定的照明灯,用于在检测期间监控管板状况;水室设备监视系统的摄像头通过吸盘安装在水室内部靠近人孔的位置,用于监视 PEGASYS 的运动状态,及其他可能发生的异常情况。

四、检测技术

蒸汽发生器传热管氦质谱检测采用氦气示踪吸枪检查法。可检测出漏率大于 8.33×10^{-5} Pa·m^3/s 的传热管。

检测原理为将蒸汽发生器二次侧充满氦气与干燥空气的混合气体并加压,当传热管存在泄漏时,压力差会使氦气泄漏到一次侧传热管内部,通过氦质谱仪(吸枪)对从传热管管口吸取的气体进行分析。若存在泄漏,可通过变化流量及信号变化的时间间隔计算出漏点的大概位置。

1. 检测前的条件确认

蒸汽发生器二次侧充压前,应确认已满足如下条件:

(1) 确认蒸汽发生器二次侧内部排空;

(2) 确认蒸汽发生器二次侧完成烘干工作。评定干燥程度满足要求的标准为"检查压力下的蒸汽发生器的上部和下部露点温度≤蒸汽发生器内部干燥空气温度-10 ℃";

(3) 确认蒸汽发生器一次侧管板干燥。评定干燥程度满足要求的标准为一次侧管板及水室内部没有湿润的痕迹。此项工作可与二次侧烘干同时进行;

(4) 蒸汽发生器二次侧 4 个手孔及 1 个人孔已安装有专用接头的封堵法兰;

(5) 主蒸汽系统限流孔已安装封堵塞子;

(6) 蒸汽发生器一次侧主管道已安装气密性盲板;

(7) 密封性试验完成充入混合气体前确认一次侧人孔吸气吹扫系统启用。吹扫系统额定最大流量约为 3 000 m^3/h。在完成当前蒸汽发生器检查前不得停止吹扫系统。

2. 蒸汽发生器二次侧密封性验证

蒸汽发生器二次侧充入压缩空气至 3 bar. a,停止充气,关闭充气阀,仅进行露点温度测量(露点温度≤蒸汽发生器内部干燥空气温度-10 ℃)。保压 2 小时后,进行 2 个小时的压力衰减监测。

蒸汽发生器二次侧密封性验证合格的标准为:2 小时内压力衰减≤30 mbar。

若压力衰减不满足要求需查找泄漏点,对手孔、人孔等重要部位进行气泡试验,核实水密封系统的压力变化。排除泄漏因素后,重新进行密封性测试。

3. 蒸汽发生器二次侧混合气体充压

通过混气系统向蒸汽发生器二次侧注入一定流量的空气和氦气的混合气体。升压过程中,每上升 1 bar 都需监测二次侧氦浓度,步骤如下:

(1) 停止注入混合气体;

(2) 稳定 5 min 以后测量二次侧的氦气浓度;

(3) 计算对空气与氦气混合物的调整值;

(4) 继续增压蒸汽发生器二次侧,观测新的参数。

最终蒸汽发生器二次侧的状态应达到压力 6±0.5 bar,氦气浓度 25±2%。

4. 系统连接与状态测试

检测用氦质谱仪放置于被检蒸汽发生器房间附近环廊,利用内置漏孔进行检漏仪标定,检测信号应稳定。调整本底值,使其高于当前量程的 40%(如当前量程为 10^{-8}级,应调整本底值至 4.0×10^{-8})。

分别将标记为 A/B/C/D 的 4 个吸枪与一台氦质谱仪相连。通过 Y 型接头将每个吸枪与一个对应的吸气软管连接,并接至吸气装置的一个吸气套筒的接头。

在蒸汽发生器一次侧负压工作区内部向其中一个吸气套筒处喷入少量氦气,然后测量对应氦质谱仪(环廊内)的响应时间。同时核对对应 VOLUPTE 软件检测通道的信号变化(集装箱内),所有的 4 根吸气套筒都应实施此操作。每个吸气套筒的响应时间不应超过 15 s。

测量完毕后,在水室内安装爬行器,调节吸气装置上观察摄像头的焦距和景深,应同时观测到 4 个吸枪。

在开始检测前,为确保吸气装置的密封性,每个吸气套筒应进行以下测试:

爬行器移动到支撑板附近,将吸气装置的一个吸气套筒顶住支撑板(应选择干燥无污染的支撑板,避免将水分或硼结晶吸入吸枪内),以 1 200 NL/h 的流量进行吸气。如果吸气套筒密封性完好,应该可以看到吸气流量显著下降至 30 NL/h 以下。如果发现流量高于 30 NL/h,拆除吸气装置以进行检查。

5. 数据采集与分析

蒸汽发生器传热管的氦质谱检测对系统内所有未堵管的传热管实施数据采集和分析。

如果发现传热管泄漏,且满足如下至少一条的需要对泄漏位置进行定位:

(1) 两排外围周边传热管被检出泄漏信号;

(2) 有 10 根以上传热管检测出超标泄漏信号;

(3) 涡流检测探测出的横向缺陷(旋转探头探测到的所有缺陷信号、轴绕式探头探测到的裂纹信号)。将其分析结果与氦检漏分析比对;

(4) 涡流检测到传热管有下述缺陷时,如果有可能也要进行泄漏定位。支撑板或流量分配板下有腐蚀,沉积物下有腐蚀,疑似裂纹的信号,厚度超过 80%的材料缺失。

数据采集和分析过程中,采集软件 VOLUPTE 定期核验一二次侧各项参数。当其数值不符合上述标准时，软件将提示并停止采集工作，需核查一二次侧状态或修正参数后继续采集。

6. 标准数据采集和分析

吸气装置同时检查四根传热管。当吸气装置覆盖被检传热管后，对被检传热管施加一个 1 200 NL/h 的吸出流量 D_t。

在等待一段时间 t_f 之后再测量传热管的氦信号，测量持续时间 t_i 至少为 5 s。

时间 t_f 等于以下各项之和：

(1) 吸枪响应时间 t_r，这是气体通过吸枪软管所需的时间，通过氦质谱仪的质谱室探测得到。它跟使用的吸枪和氦质谱仪的整体特性有关；

(2) 传热管内气体转移时间 t_v，这是传热管内部全部气体排空所需的时间。它跟传热管的截面积、长度以及吸出流量有关(即 1 080×(273＋T)/273，其中 T 为蒸汽发生器水箱中的环境温度，单位为摄氏度)；

注：1 080＝1 200×90％

(3) 安全时间 t_a($20\% t_v$)

由 VOLUPTE 软件通过以下公式计算出传热管的泄漏量 Q_f：

$$Q_f = D_t \times \frac{5.2 \times \left\{ \dfrac{S_f}{S_n} - 1 \right\}}{C_f - 5.2 \times 10^{-6}} \tag{4-1}$$

式中：Q_f(NL/h)——泄漏量；

S_f——被检传热管的氦质谱仪读取漏率值；

S_n——氦质谱仪测得的背景噪声值；

C_f——蒸汽发生器二次侧中的氦浓度(为 25％)；

D_t(NL/h)——传热管内的吸气流量。

数据采集期间，采集人员应保证如下参数正确，若有一条不符合要求，当前步检查的 4 根传热管应重新检查；

(4) VOLUPTE 屏幕上应有 ISI 信号；

(5) 本底线不小于当前量程值的 40％；

(6) 检查 ISI 信号循环，应符合爬行器步进为 5 V 信号，检查期间为 0 V 信号；

(7) 最大 t_f 结束后进行测量、存储和分析，测量时间≥5 s；

(8) 确认不存在异常信号

数据采集期间在如下情况应进行使用标准漏孔对吸枪进行标定；

(9) 发现氦气信号明显下降；

(10) 怀疑存在异常信号；

(11) 检测开始及结束时，检查中每间隔 10 h。

采集过程详见附录 7 信号采集。

7. 泄漏定位数据采集和分析

在泄漏处，吸气流量的变化会立即引起氦浓度的变化。氦信号值在响应时间之后被氦质谱仪探测到。显示氦信号变化所需的时间与造成泄漏的缺陷和吸枪端部之间的距离直接成正比。吸气流量的两次变化可取消吸枪响应时间的影响。

将吸气装置覆盖在被检的传热管处，对被检传热管施加一个 1 200 NL/h 的吸出流量在气体完全转移时间 t_f 之后，立刻改变吸出流量 Q_1（<1 200 NL/h），在气体完全转移时间加上安全时间这段时间内保持此流量。然后继续改变吸出流量 Q_2，在气体完全转移时间加上安全时间这段时间内保持此流量。

施加流量 Q_1 所需的时间 t_1，观测对应流量造成传热管出口处的氦信号值的变化。

施加流量 Q_2 所需的时间 t_2，观测对应流量造成传热管出口处的氦信号值的变化。

由 VOLUPTE 软件通过以下公式计算出传热管的泄漏位置：

$$H=\frac{Q_2\times(T+273)\times\left\{t_2-\left|\frac{(Q_1\times t_1)-(Q_2\times t_2)}{Q_1-Q_2}\right|\right\}}{3\ 600\times 273\times 0.905\times S} \tag{4-2}$$

式中：H(m)——缺陷距吸气管口的距离；

Hp(m)——嗅吸枪与吸气管口之间的间距($hp=0.21$ m)；

Q_1(Nm^3/h)——第一次气体完全转移使用的流量值；

Q_2(Nm^3/h)——第二次气体完全转移使用的流量值；

T(℃)——传热管内循环气体的温度；

S(m^2)——传热管内截面积；

t_1(s)——流量 Q_1 出现氦信号的时间；

t_2(s)——流量 Q_2 出现氦信号的时间。

第二节 化学和容积控制系统安装阶段氦质谱泄漏检测

一、被检对象

化学和容积控制系统(RCV)简称化容系统，主要为反应堆、冷却剂系统提供一回路所必须的三种主要功能：容积控制、化学控制、反应性控制。化容系统(RCV)是反应堆冷却剂系统的主要辅助系统，是与核安全密切相关的系统。整个 RCV 系统可以分为下泄回路、上充回路、低压下泄回路、过剩下泄回路、轴封回流回路、净化回路等 6 个主要部分。RCV 系统受检部分主要由管道组成，检查的对象主要为焊缝、法兰、各类阀门及仪表接头，检查的容器主要是容控箱的水线以上部分。

二、检测时机

氦质谱泄漏检测作为最终的验收检测，在设备安装调试完毕后实施检测，其检查范围仅针对气体部分进行，水位线下方不包含在检测范围内。

三、检测先决条件

1. 通用要求

(1) 氦检漏的前提条件是气密性试验合格；

(2) 检查场地至少应有 20 m^2 的设备存放区域；

(3) 检查场地应有足够的空间用于组装氦检漏系统；

(4) 检查场地 220 V、16 A 电源 3 处；

(5) 检查场地应有充足的照明；

(6) 受检设备应可达，如果受检部位高度超过 2 m，应搭设符合安全规定的脚手架；

(7) 所有被检系统表面应清洁，无影响检查的物质如油污锈蚀等，被检系统内部应干燥；

(8) 对被检对象内外(视检测需要)进行干燥处理；干燥处理可采用热空气干燥或氮气置换处理；

(9) 检查场所应有良好的通风系统；

(10) 检测现场应远离强磁场，并不得有剧烈的振动。

2. 隔离要求

(1) 核实被检对象的标识：氦检漏试验的实施应在确认受检对象的相关设备(阀门、管道、仪表、容器等)已安装就位的情况下进行。

(2) 核实边界阀门的隔离情况，并在现场悬挂阀门隔离牌，保证检查开始前边界阀门处于隔离状态。进行泄漏试验前应使用阀门和盲板法兰确立被检回路的边界。为安全起见，要求位于这些阀门以外的回路应开放于大气中。

(3) 除被检对象外，其他与被检对象相连接的管线应彻底隔离，同时，将不能隔离或不能承受正压条件的压力仪表卸下。有部分仪表如果带有二次阀，可将该阀作为试验边界。有部分仪表能承受正压条件不需拆除。对于其余仪表，为保护其不受损坏，将其拆除后加临时堵头作为试验边界。

(4) 对于止回阀，当充气方向与其流向相反应拆卸，抽取阀芯重新安装密封。

(5) 所有不能承受正压的仪表应隔离或拆除，仪表拆除后的设备接口应做可靠的密封处理。

四、检测设备

泄漏检测设备主要由氦质谱检漏仪组成，其中氦质谱仪的最小可检漏率高于 5×10^{-11} $Pa\cdot m^3/s$。相关测量仪器、仪表均应经过检定，并在检定周期内。检查设备包括氦质谱仪正压标准漏孔、渗氦型标准漏孔、快速吸枪及吸枪辅助泵、氦气浓度表、氦气和氮气减压器、干燥设备等。

五、检测技术

采用氦气充压吸枪法泄漏检测。

(1) 连接检查系统：检漏仪、快速吸枪辅助泵、波纹管、快速吸枪。连接方式以各部件串联方式进行；

(2) 在被检容器的远端安装参考漏孔；

(3) 用参考漏孔测定系统灵敏度、系统反映时间，并记录；

(4) 检漏仪准备：调氦峰、标定检漏仪器灵敏度、记录相关数据等；

(5) 初始校准：初始的被检系统灵敏度

$$S_1 = M_0 Q / (M_1 - M_2) \tag{4-3}$$

式中：S_1——初始被检系统灵敏度；

Q——校准漏孔的漏率，(Pa · m^3/s)；

M_1——校准漏孔向被检系统开启的读数；

M_2——本底读数；

M_0——系统噪声读数。

(6) 在单体设备检漏时，用塑料袋将被检容器的重点关注部位包覆起来，并充氦气(塑料袋内氦浓度应被记录)，在氦气保持时间至少为响应时间的 3 倍以后进行检测，这个时间至少为 10 min。

(7) 最终校验：

最终的被检系统灵敏度

$$S_2 = M_0 Q / (M_1 - M_3) \tag{4-4}$$

式中：S_2——最终被检系统灵敏度；

Q——校准漏孔的漏率，(Pa · m^3/s)；

M_3——检测完后的本底读数；

M_4——检测完成后，校准漏孔再次向被检系统开启的读数；

M_0——系统噪声读数。

(8) 分析记录；

被检系统漏率

$$Q_S = S_2 (M_5 - M_2) / C \tag{4-5}$$

式中：Q_S——被检系统漏率(Pa · m^3/s)；

S_2——最终被检系统灵敏度；

M_2——检测完后的本底读数；

M_5——检测时的读数；

C——检测时实际的氦浓度。在单体设备检漏合格后，进行整体设备检漏，连接方式分别按附录 2 进行。

(9) 初始系统灵敏度，最终系统灵敏度、被检系统漏率由 S_1、S_2、Q_S 算出。

第三节　快堆用空气换热器制造阶段氦质谱泄漏检测

快堆用空气热交换器是钠冷快堆的大型核设备，它是反应堆一回路气、液态金属钠与二回路空气进行热交换的重要装置。主要包括四部分：集流器、换热管、膨胀罐和支架。换热管与集流器、膨胀罐以焊接方式连接。焊接工艺首先安排换热管管-板焊接，管-板焊接完成后，进行集流器盖和膨胀罐盖的对接焊，最后形成完整的钠封闭腔，管-板焊缝被封闭在集流器和膨胀罐内腔。

在快堆运行状态下，流经空气热交换器的钠冷却剂微量的泄漏，都会存在巨大的隐患使金属钠剧烈燃烧，严重情况下会引发爆炸，造成核安全事故。为了保证运行安全，设计人员在空气热交换器设计技术条件中提出了严格的密封性能检测要求，因此在制造过程中必须对产品焊缝进行氦质谱泄漏检测。

一、检测技术要求

设计图纸技术要求在换热管管-板焊缝和集流器、膨胀罐盖对接焊缝的焊接工作完成后，进行气压试验和一定压力条件下的密封性能检测，对漏率超出判定标准的焊接部位允许进行补焊一次，补焊后复检。

二、检测技术要求分析

空气热交换器结构特殊，焊接工艺复杂，加工制作工期长。按照技术条件的要求，在全部焊接工作完成之后进行密封性检测，实施过程中会存在一些不足，具体分析如下：

(1) 管-板焊缝位于集流器和膨胀罐内部(钠冷却剂侧)，检测只能在罐壁的非焊缝侧(空气侧)进行，如图 4-4 所示：

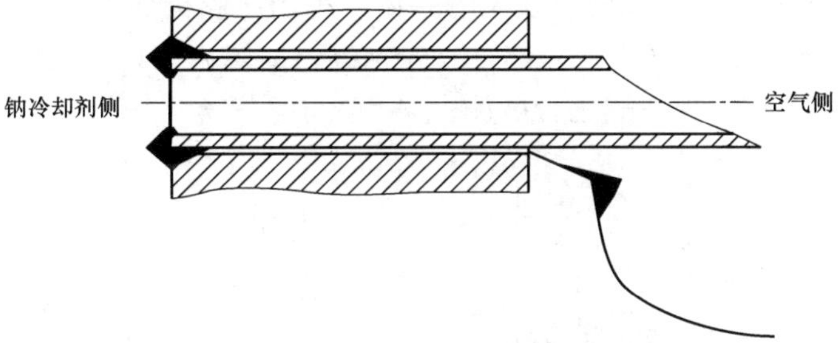

图 4-4　非焊缝侧探头检漏示意图

检测时探头扫查位置距焊缝远，反应速度慢，并且示漏气体在换热管的管-板孔间隙腔内弥散后，影响探头对漏孔的定位，不利于漏点的查找。

(2) 在集流器和膨胀罐内部的管-板焊缝排列都属于密集排列，膨胀罐内部的焊缝按45°角沿轴向在环形罐壁顺序排列(图 4-5)，集流器内部的焊缝在同一平面内沿径向顺序排列(图 4-6)，对于密集排列管束结构，两个区域都会存在检测死角—直探头无法探测到与探头成 90°角的焊缝区域，这些漏检的死角将存在泄漏隐患，使结果判断无法明确。

(3) 发现漏点后，补焊工作操作过程复杂，工作量大。必须将集流器和膨胀罐盖重熔后取下来，才能进行管-板焊缝补焊，补焊后再将集流器和膨胀罐盖重新焊接。

(4) 重熔补焊后，焊接部位母材的性能受到影响，对整体结构堆内运行安全性也将产生影响。

为了避免以上各种不利因素，需要在满足设计要求的基础上，建立一套与工作现场焊接工艺相配套的检测方案。

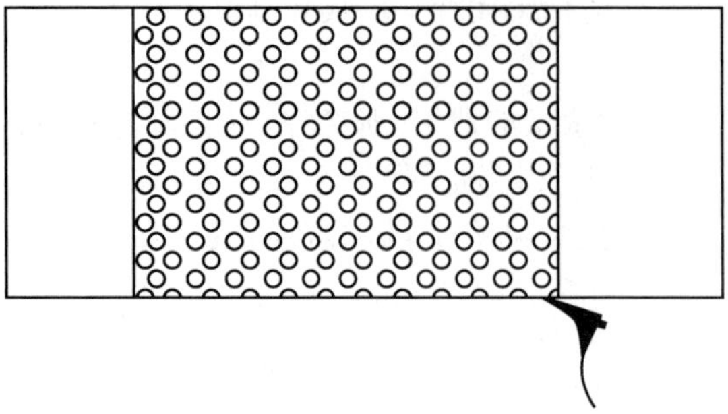

图 4-5 膨胀罐内壁寒风排列位置及探测示意图

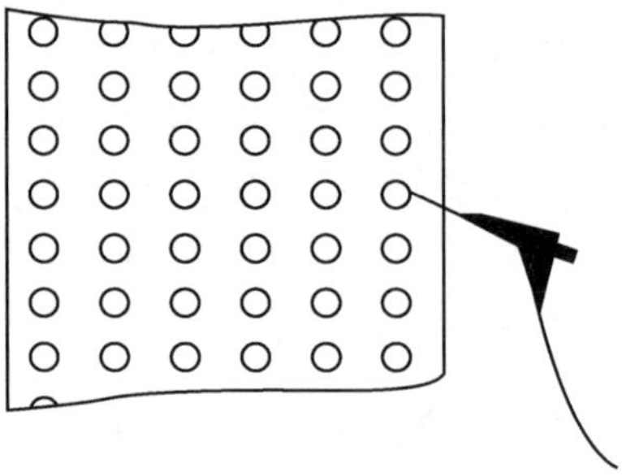

图 4-6 集流器内壁焊缝排列位置及探测示意图

三、检测技术

空气热交换器密封性检测分成两个阶段完成。

第一阶段，换热管管-板焊接完成后，对全部的管-板焊缝进行预检测，检测出常温常压条件下的泄漏部位，并及时进行补焊排除漏点。检测原理简图如图 4-7 所示。

该方法采用护罩法与探测器探头技术相结合。由于管板焊接工作完成后，在焊缝的两侧均未形成封闭腔，不能充填示漏气体，不具备检测条件，因此需要建立一个辅助氦室，使焊缝的两侧分别处于氦腔和空气腔两个独立的腔体。采用压膜机加工一个与工件体积相当的护罩，罩住换热管，将管-板焊缝露在外部，严格封好后，向罩内充以一定浓度的示漏氦气，保压一定时间后，用探头在焊缝一侧进行探测。

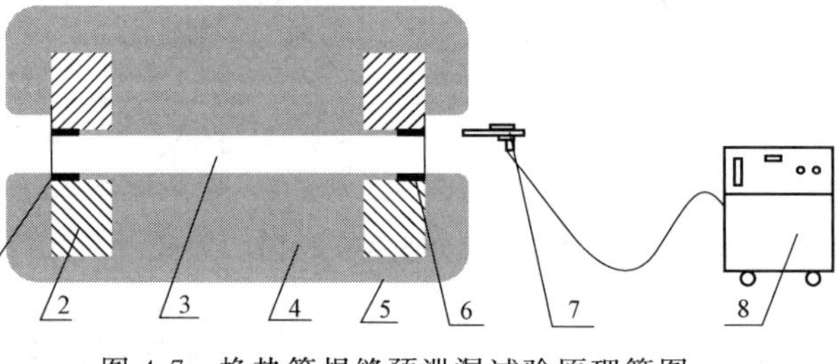

图 4-7 换热管焊缝预泄漏试验原理简图

1—焊缝；2—容器壁；3—换气管；4—氦气；5—护罩；6—焊缝；7—吸枪；8—检漏仪

第二阶段，管板焊缝检测并修复完毕后，由工厂进行集流器和膨胀罐盖的焊接工作。待集流器盖和膨胀罐盖焊好后，再按图纸技术要求进行给定压力下的密封性能检测，检测原理简图如图 4-8 所示：

此时，集流器和膨胀罐以及换热管已形成了一个完整的封闭腔。向集流器和膨胀罐以及换热管所形成的封闭腔内部，充以符合设计要求的混合气体，然后用探头对全部焊缝进行检测，对换热管管-板焊缝在外侧进行再次检测，检查焊缝在充压条件下是否满足密封性判定标准。

通过第一阶段的检测，管-板焊缝在常温常压条件下有泄漏显示的焊缝已经修复，从而降低了集流器盖和膨胀罐盖对接焊缝开启重焊的可能性；第二阶段的检测用以判定被检工件是否合格。

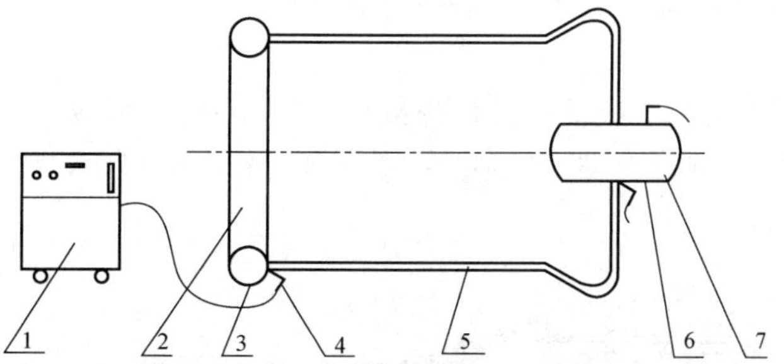

图 4-8　空气热交换器泄漏检测简图

1—检漏仪；2—集流器；3—集流器焊缝；4—吸枪；5—换热管；6—焊缝；7—膨胀管

四、注意事项

检测方案确立后，在实施过程中，为达到预期的效果，还需要注意以下几点：

1. 临时氦罩的制作

临时护罩用于隔离焊缝两侧的空间，形成封闭的氦腔。因此微小的缝隙、破损、裂纹都会使护罩内的氦气弥散到护罩以外的空间，造成高的环境氦本底，影响仪器的检测灵敏度，并且干扰泄漏位置的判定，影响检测结果。因此临时氦护罩必须有良好的密封性，并且便于现场制作，具体要求如下：

（1）不能使用脆性的、易破损的、不易粘接的材料制作护罩；

（2）不允许护罩材料存在影响检测灵敏度的泄漏；

（3）护罩粘接部位必须严密、牢固，不允许存在缝隙和脱落。

通过多次试验，0.4 mm 的聚乙烯薄膜符合密封性要求，并且成本低、黏接性能好，韧性好，密度高，不易破损，满足使用要求。

2. 探头的改造和使用

一般标准配置的检测探头是直探头，头部有针孔，检测时用探测头针孔直接对检测部位进行扫描，扫描时距离不超过 3 mm(ASME)。如图 4-9 所示：

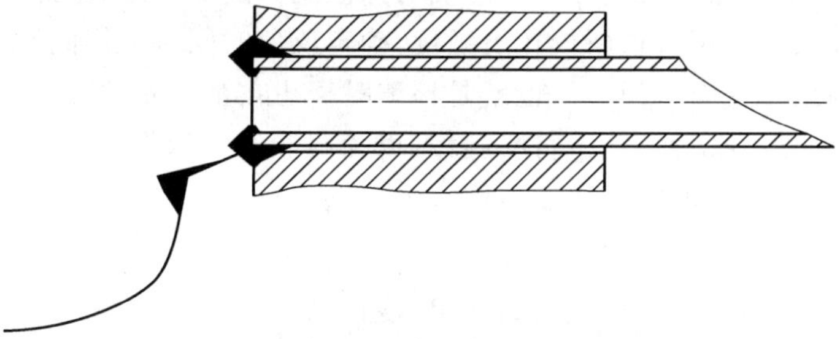

图 4-9　标准配置探头检测示意图

这种探头适用于检测结构直观明朗的部位，在大型的、结构复杂的工件上实施检测时，操作难度大、效率低，不能探测到全部待检测部位，不够适用。

为了满足检测，需要根据工件待检测部位的实际结构特点，设计并配置相应的专用探头附件，这些探头附件有利于提高检测效率和检测结果的可靠性。

（1）小护罩检测

如图 4-10 所示，专用的小护罩将被检焊缝区域隔离出来，形成独立的检测空间。对于密集排列的管-板焊缝区域，小护罩可以避免被检焊缝受周围其他焊缝的影响，不仅提高了检测准确度，而且提高了检测效率。

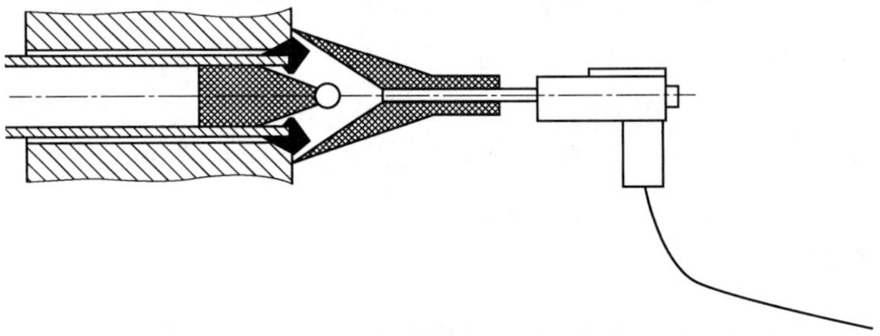

图 4-10　管-板焊缝小护罩法整体检测示意图

（2）加长弯咀探头检测

如图 4-11 所示。

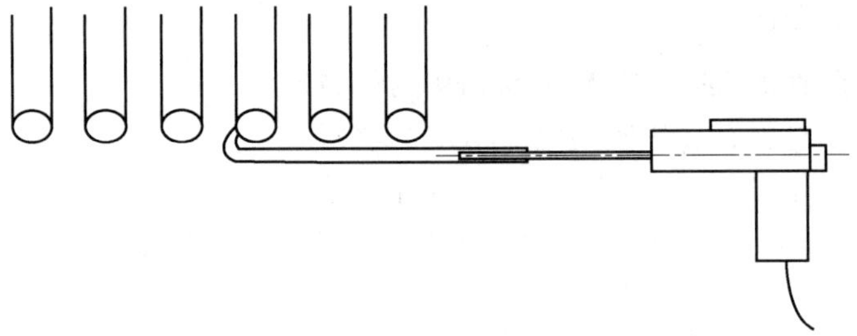

图 4-11　加长弯咀探头检测多排管示意图

加长的探头弯咀可以使与管束排列方向垂直的部位也得到检测，消除了探测死角；并且探头加长后，远距离的换热管也能够方便准确的探测到。避免了短、直探头检测的局限。操作中需要注意对加长后的探头重新校核灵敏度，确定反应时间，应以加长探头对标准漏孔信号的反应时间作为最小反应时间——也就是检测时探头在被检测部位停留的最短时间。另外，加长部位应选用不易吸附氦气的材料制作，以免材料表面吸附氦气，影响检测结果的准确性。根据经验，紫铜或黄铜材料比较适用。

3. 环境的影响

在检测过程中，要注意关注环境的温度、湿度以及环境氦本底状态，注意气源阀门要关好，并放置于远离检测环境的地方，并且要求检测环境通风效果良好。因为环境的温度、湿度对仪器检测灵敏度存在影响。通风条件不好的场所容易积聚氦气，随着检测时间的持续，会产生高的环境氦本底，使仪器达不到技术要求规定的灵敏度量级。清除氦本底需要大量的时间，影响检测效率。

4. 仪器的调节

检测过程中必须定时对仪器进行校准，环境温度的变化对标准漏孔的漏率会产生影响，需要进行漏率修正，因此，环境温度显著变化时，要重新校准仪器。环境温度超出 10～40 ℃，湿度大于 80％时，应停止检测。

第四节　管道安装阶段泄漏检测

核电站安装阶段常用的泄漏检测方法有渗透泄漏检测、真空罩气泡泄漏检测及氦质谱泄漏检测。渗透泄漏检测、真空罩气泡泄漏检测设备简单、操作容易、作业时间短，能判定系统是否有泄漏点和泄漏位置；氦气泄漏检测法灵敏度高，有时整个被检系统一次检测作业时间长，能够精确检测出泄漏点和计算出泄漏率。

一、渗透泄漏检测法

1. 检测对象

核电站安装阶段核岛通风系统通风管焊缝采用渗透泄漏检测法检测是否有贯穿性缺陷，此方法能确定泄漏点，但不能确定渗漏率。

2. 检测设备

检测设备包括照度计、温度计、照相机、渗透剂、清洗剂、显像剂、放大镜、反光镜、手电筒、检测使用的纸、布等消耗品材料。

3. 检测技术

(1) 表面清洁度要求及温度要求

所有要检测的表面应清洁、除油、干燥并且不含任何可妨碍判断说明的物质；任何可能妨碍正确判断的焊渣和异物均应仔细清扫干净。

在整个检测过程中，被检件温度须在 5～50 ℃内。如果不在温度范围内须进行工艺评定。

(2) 施加渗透剂

用喷射器或刷子将渗透剂喷刷到管内侧焊缝接头处的结合面上，从而使渗透剂穿过接合处，通过毛细作用渗透所有空隙。

(3) 渗透时间

渗透时间应为 20～60 min。

(4) 施加显像剂

显像剂应均匀地用适宜的刷子刷在管道外部，包括焊缝和焊缝的两侧大约 20 mm 宽的热影响区。

(5) 照明

人工或自然光均能使用；检测表面的照明度水平不应低于 1 000 Lx。

(6) 检测后处理

试验后，显像剂应用水洗去，渗透剂应适当的用有机溶剂去除干净。

4. 验收准则

使用显像剂时，显像时间应为10～30 min。显像时间到后方可对显示迹象参照ASME设备设计制造要求进行评估鉴定，无渗漏或穿透性气孔则可接收。

5. 注意事项

1）受检部位，不允许使用压力渗透；

2）渗透剂、显像剂中杂质（硫及卤素元素）含量应满足检测工艺规程的要求。

二、真空罩气泡泄漏检测法

1. 检测对象

核电站安装过程中储水罐、废液储存罐等底片拼接焊缝采用真空罩气泡泄漏检测法检测是否有贯穿性缺陷，该方法能确定渗漏点，不能确定渗漏率。

2. 检测设备

真空罩气泡泄漏检测需要的设备材料主要有真空罩、真空压力表、真空泵、塑料导管、发泡剂，橡皮泥等。在试验开始前需检测真空压力表标定是否合格，且在有效期内；检测使用的发泡剂，在使用前进行检定；还需要使用标准漏孔对发泡剂进行检定。

因焊缝较长，检测时需分段进行抽真空检测。使用到的设备有真空泵（可选用一般的旋片机械真空泵）、真空管路（可以使用金属软管或真空橡胶软管）、真空阀门（可选用低真空隔膜阀）、真空表（可使用波尔登规管真空计）、真空罩及其他辅助材料。

3. 检测技术

（1）检测准备，待检表面应无锈蚀、油脂、异物或任何有碍于真空泄漏检测试验的不平整状态。否则应予以修整。在检测过程中，被检件温度须在5～50 ℃之间。在这个温度范围内，可以对被检件适当的加热或降温；

（2）系统灵敏度校验，检测前使用真空罩气泡泄漏检测校验标准试块（HWB型），对真空系统进行灵敏度校验；

（3）在检测区域内均匀涂布发泡剂；

（4）开启真空泵，降低真空罩内压力至标准制定压力，达到额定压力后，至少保持一定时间，检查有无泄漏；

（5）继续降低真空罩内压力至一定压力，达到额定压力后，保持一段时间，检查有无泄漏；

（6）在真空的同时，仔细观察检测区域内表面状况；

（7）真空泄漏检测完毕，须将焊缝表面的发泡剂洗刷干净；

（8）验收标准，试验过程中仔细观察焊缝，如发现焊缝表面有连续气泡出现或有逐渐长大的气泡，则说明该处有漏孔。此处焊缝为不合格，并在该处做好标识。验收标准按照ASME设备设计制造要求不能有泄漏。

4. 注意事项

（1）当部件为100%的检测时，每相邻区域至少保持50 mm的重叠覆盖，以免造成漏检；

（2）发泡剂中微量元素含量应在标准允许范围内，否则发泡剂不允许使用；

(3) 在检测时严格控制真空罩内压力及压力保持时间。

三、氦质谱泄漏检测真空检测法

1. 检测对象

核电站安装过程中废气处理系统(TEG)中的罐(罐的容积为 60.3 m^3、18.3 m^3、5.3 m^3)、空气压缩机、收集器及管道焊缝等,主要针对人孔、焊缝、法兰螺纹采用真空泄漏检测法检测。

2. 检测设备

真空泄漏检测法用到的设备有氦质谱泄漏检测仪,探头,阀门,真空泵,真空表,标准漏孔,氦气等。

3. 检测技术

(1) 检测前提条件

确定隔离边界及接口安装,拆掉不耐真空的仪表;

确定检测系列(每个罐可作为一个试验系列);

确定标准漏孔的安装位置。相对于被检测点,标准漏孔应安装在其泄漏的氦气最难到达质谱仪的位置。

(2) 设备安装、调试

将抽气机组同系统和质谱仪连接,接好气源,电源及通风设备;

干燥被检系统,干燥温度小于 60 ℃,时间不少于 2 h;

启动抽气机组,对被检系统抽真空,试验条件是系统真空度小于 10 Pa,用塑料袋包装好被检点;

调整仪器,使仪器对氦离子流具有最佳的灵敏度。

(3) 校准系统灵敏度

调整抽气机组机械泵入口阀,使抽气速率保持在相对稳定状态,观察与系统相连的压力表,在压力小于 10 Pa 的状态下开始校准。将质谱仪设置在检测状态,稳定后测定系统内的氦气本底数值。

打开标准漏孔的调节阀,氦气将通过漏孔进入被检系统,质谱仪将出现由氦峰引起的数值的变化,稳定后记下对标准漏孔的测定数值 M_2 和反应时间 T_1,即打开标准漏孔到氦峰出现并稳定后的时间 T。

关闭漏孔,对系统再抽真空,待质谱仪稳定后,记录质谱仪读数 M_3(2 次本底)。

(4) 定点检测

1) 对被检测点进行塑料袋密封;

2) 被检系统抽真空;

3) 使质谱仪处在检测状态下,并保证系统内压力在 10 Pa 以下,开始工作;

4) 用氦气注射枪向覆盖检测点的密封塑料袋内注入氦气,并用导热检气仪测出密封塑料袋里的氦气浓度 C_{He},C_{He}不小于 10%,并记录下时间 T_1($T_1=0$);

5) 从 T_1 开始到确定被检点是否泄漏的时间 T_2 即决策时间,T_2 应至少为反应时间的 3 倍并不低于 10 min,在 T_2 时间内没有出现新的氦峰,则说明被检测点无泄漏现象;在 T_2

时间内出现新的氦峰，则说明被检测点存在泄漏，需要进行计算，

按以下公式计算：

$$Q=\frac{C_L(M_4-M_3)}{(M_2-M_1)}\times\frac{1}{C_{He}}\times\frac{10^5}{P} \tag{4-6}$$

式中：Q——被测点的泄漏率读数(Pa·m³/s)；

C_L——标准漏孔的泄漏率(Pa·m³/s)；

M_4——被测点的质谱仪读数(Pa·m³/s)；

M_1——第一次本底读数(Pa·m³/s)；

M_2——质谱仪上标准漏孔的读数(Pa·m³/s)；

M_3——第二次本底读数(Pa·m³/s)；

C_{He}——袋中氦气浓度(%)；

P——袋中氦气压力(Pa)。

(5) 总试验

在封闭房间内充入氦气，浓度为5%～10%；在氦气浓度达到>5%后，操作条件至少要持续15 min。质谱仪处于检测状态，系统内的压力小于10 Pa，开始工作。观察质谱仪的读数变化，如果没有变化，则说明没有泄漏现象，如果有变化按以下公式计算：

$$Q=\frac{C_L(M_4-M_3)}{(M_2-M_1)}\times\frac{1}{C_{He}}\times\frac{10^5}{P} \tag{4-7}$$

计算泄漏值 Q，以 ΣQ 和 $N\times\Sigma VI$ 比较：

$\Sigma Q<N\times\Sigma VI$ 则说明达标，反之则不合格。建议：$\Sigma Q<N\times\Sigma VI$

N——整个试验每 m³ 回路的泄漏量(每 m³ 回路 Pa·m³/s)；

规程规定：最大允许泄漏量是 2.66×10^{-6} Pa·m³/s 每 m³；

ΣVI——系列中体积。

(6) 检测后处理

检测系统降至常压，处理被检测点密封材料。

(7) 验收标准

参照 ASME 氦气泄漏检测要求是否合格。

4. 注意事项

(1) 探测点用塑料布密封，不能发生漏气现象；

(2) 系统内真空压力达到标准要求；

(3) 检测系统各个连接口应密闭，防止漏气达不到真空状态；

(4) 总试验务必在点试验完全结束后进行，因为房间充氦气后空气中的氦气含量大幅度升高，影响总试验结果。

四、检测方法对比分析

渗透泄漏检测与真空罩气泡泄漏检测、氦气泄漏检测都用于泄漏检测，主要检测设备贯穿性缺陷。三种方法各有优缺点，三种方法比较见表4-1。

表 4-1　三种方法的比较

	渗透泄漏检测法	真空罩气泡泄漏检测法	氦气压力泄漏检测法	氦气真空泄漏检测法
工作原理	毛细管作用	压力差	压力差	压力差
检测对象	核电安装阶段的通风系统	核电安装阶段的储水、废液储存罐	核电安装阶段的化容系统级氮气分配系统	核电安装阶段的废气处理系统
检测材料	任何非多孔材料	任何能承受一定压力的非多孔性材料	任何能承受一定压力的非多孔性材料	真空
检测制件	焊接件、铸件、锻件	焊接件、铸件、锻件的平板件	罐、管件、法兰接口	罐、管件、法兰接口
检测速度	快	快	慢	慢
检测缺陷类别	贯穿性孔洞、孔隙、疏松通道	贯穿性孔洞、孔隙、疏松通道	贯穿性孔洞、孔隙、疏松通道	贯穿性孔洞、孔隙、疏松通道
缺陷显示	直观	直观	不直观	不直观
显示方式	渗透剂回渗	发泡剂冒泡	氦质谱泄漏检测仪	氦质谱泄漏检测仪
检测灵敏度	一般	一般	高	高
污染	高	低	低	低

第五节　阀门制造阶段泄漏检测

在核工业中，阀门是应用广泛的重要部件。例如核电厂要稳定运行，需要所有系统协同工作，处于适当的工作状态，阀门是实现这一项目的重要设备。

阀门的密封性能指阀门各密封部位阻止介质泄漏的能力，它是阀门最重要的技术性能指标。阀门的密封部位有三处：启闭件与阀座两密封面间的接触处、填料与阀杆和填料函的配合处、阀体与阀盖的连接处。其中前一处的泄漏叫做内漏，也就是通常所说的关不严，它将影响阀门截断介质的能力。对于截断阀来说，内漏是不允许的。后两处的泄漏叫做外漏，即介质从阀内泄漏到阀外。外漏会造成物料损失，污染环境，严重时还会造成事故。对于易燃易爆、有毒或有放射的介质，外漏更是不能允许的，因而阀门必须具有可靠的密封性能。

对于阀门壳体的法兰及填料处及阀体的密封性采用充压吸枪法泄漏检测法。

一、检测时机

阀门装配完成并进行水压后。泄漏检测前被检工件的表面应清洁干燥，无焊渣，油污等残留物。

二、检测设备

检测设备包括氦质谱泄漏检测仪一台，可调流量的吸枪一把及其与泄漏检测仪相连的管道；氦气瓶；减压阀一只；与阀门连接的具有充气口工装；充气管；正压漏孔相连的接头；正压漏孔一支。

三、检测技术

(1) 使被检阀门处于打开状态，用氦气直接进行换气，当换气氦浓度达到规定要求后，关闭出气阀门；

(2) 充氦气使压力达到 10.7 kg(0.97 MPa×110%)；

(3) 关闭充气阀门进行保压检查(确保检查系统接口漏率小于 1×10^{-8} Pa·m^3/s)；

(4) 采用充压吸枪法泄漏检测由下至上检查阀体、法兰及填料处并记录漏率；

(5) 法兰及填料处漏率大于 1×10^{-5} Pa·m^3/s 为不合格；

(6) 阀体漏率大于 1×10^{-7} Pa·m^3/s 为不合格。

第六节 安全壳钢衬里建造期间泄漏检测

一、安全壳钢衬里

核电厂安全壳多数都设计成由椭球形或半球形穹顶、圆柱形筒壁和底板组成的形状。为了将放射性物质的外泄控制在允许的范围内，在安全壳的内表面设置了一道钢衬里，用碳钢薄板焊接形成一个全封闭的整体并锚固在内侧的混凝土表面。安全壳钢衬里主要由底板、截锥体、筒体、穹顶四大部分构成的一个外形似筒状的密封壳体。

1. 底板

底板是密封安全壳的底部构造部分，也是内部结构的基础。包括支撑系统(主要由角钢、T形钢和槽钢构成)、内环板、外环板、集水坑贯穿件、中心凸台壳环、底板、焊缝泄漏检测槽等。

1）支撑系统既可支撑底板钢衬里，又可对底板衬里的标高进行调整；

2）内环板的作用是通过其上的迪威达钢筋与套筒将筏基上的预埋钢筋与内部结构的环墙钢筋连接，使内部结构与筏基连成整体；

3）外环板的作用是将衬里底板与截锥体连接；

4）集水坑贯穿件锚固在砼里并与底板钢衬里密封焊接；

5）焊缝泄漏检测槽由角钢和槽钢制成，底板上的所有焊缝均覆盖的泄漏检测槽，便于对衬里底板的焊缝进行气密性检查。

2. 截锥体

截锥体是底板与筒壁之间的连接锥台，锥台存在变径并由钢板组对焊接制成，在锥壁上有贯穿件。截锥体部位示意图如图 4-12：

图 4-12 截锥体检漏槽焊缝

3. 筒体

筒体外部用型钢作为加强筋，并焊有锚杆作为和安全壳外部混凝土的连接件。钢衬里筒体下口安装于底部截锥体上，上口与钢衬里穹顶对接；筒体由约12层安装层(壳环壁板)构成，筒壁上还有各类工艺及电气贯穿件、设备闸门套筒、空气闸门套筒、环吊牛腿以及其它附件和非贯穿锚固件等。

筒体部位示意图详见图4-13。

图4-13 安全壳钢衬里筒体外壁

4. 穹顶

穹顶是安全壳钢衬里的封顶部分，焊接完成后进行整体吊装使其下口与钢衬里筒体最上层的上口直接对接。穹顶外形为球状的双曲面壳体，穹顶部位示意图详见图4-14。

图4-14 穹顶部位示意图

二、泄漏检测方法

在安全壳钢衬里泄漏检测中应用了气泡泄漏检测法中的真空罩气泡泄漏检测和充压气泡泄漏检测，压力变化泄漏检测法中的静态压降泄漏检测。

真空罩气泡泄漏检测，是在工件需要检测部位表面均匀的涂敷一层起泡液并在其上放置真空罩，在真空罩与工件表面接触部位的四周使用密封软垫或橡皮泥进行密封，开启真空泵对真空罩抽真空，在规定的真空度及保持时间内仔细观察检测部位是否有气泡冒出。

加压气泡泄漏检测，对被检件充气加压后，在被检件低压端一侧需要检测的部位涂刷起泡液，观察有无气泡产生。需要注意的是在涂刷起泡液时，为防止液体本身产生气泡，可让液体慢慢流到被检部位。被检件充气加压前，不要对被检件涂刷起泡液，以防止堵塞小漏孔。

静态压降泄漏检测,对被检件使用干燥的氮气通过充气管道充到一定压力后,隔断气源,观察被检件内压力随时间的下降情况。

1. 真空罩气泡泄漏检测

(1) 检测时机

对底板、截锥体预制及现场安装的焊缝进行100%真空罩气泡泄漏检测。泄漏检测在焊接完成并经目视检测合格后进行,即在焊缝表面发生氧化之前和渗透或磁粉检测之前进行。

(2) 检测设备

因焊缝较长,检测时需分段进行抽真空检测。使用到的设备有真空泵(可选用一般的旋片机械真空泵)、真空管路(可以使用金属软管或真空橡胶软管)、真空阀门(可选用低真空隔膜阀)、真空表(可使用波尔登规管真空计)、真空罩及其它辅助材料。

(3) 检测技术

焊缝待检表面应清除油脂、药皮、飞贱物等有碍检测的污垢及杂物。被检表面光照度应≥1 000 Lx,在清理过的焊缝表面均匀的涂刷上一层起泡液,安装好真空罩并开启阀门,在真空罩内逐渐建立真空度,当绝对压力达到0.02 MPa时,保持10 s,观察真空罩内的焊缝。将压力降到0.053 MPa,保持30 s,所有检查到的泄漏缺陷均为不合格。

检测前应使用真空罩气泡泄漏检测校验标准试块(HWB型),对真空系统进行灵敏度校验。检测结束后,所用真空计应与作为标准测量计的同一个真空计进行比较。

2. 充压气泡泄漏检测

(1) 检测时机

对覆盖在底板及截锥体焊缝上的角钢(泄漏检测槽)焊缝进行100%充压气泡泄漏检测。检测时机在焊后立即进行,即在焊缝表面未生锈之前和渗透或磁粉检测之前进行。

(2) 检测设备

使用到的设备包括压力表、氮减压仪及阀门、起泡液、氮气等辅助材料。

(3) 检测技术

泄漏检测时于每条回路通道上设有两个仪器安装点,在第一个安装点装上压力表,将配有减压装置的氮气瓶与另一个安装点相连,给检测回路加压,使泄漏检测槽中被检测回路的通道内部气压值达到相对压力4.025×10^5 Pa,并保持30 min。在充气回路的全部焊缝表面上刷涂起泡液并保持湿润,观察有无漏点。所有漏孔显示都为不合格,均需经补焊后按照上述方法从新进行检测。

3. 静态压降泄漏检测法

(1) 检测时机

对覆盖在底板及截锥体焊缝上的角钢(泄漏检测槽)焊缝进行静态压降泄漏检测,检测时机应在底板安装完成,经充压气泡泄漏检测合格之后进行。

(2) 检测设备

使用的设备及材料包括,压力表(最大测量相对压力6×10^5 Pa),灵敏度要求为压力表表盘上1格6×10^2 Pa、一个与氮减压机相连的压力密封阀、红外测温仪(要求保留2位小数)、压缩空气。压力测试设备的精度越高、读数越准确,则测试数据的结果越精确。因此,应尽量选用分辨率和精度较高的测温仪和压力表。

(3) 检测技术

泄漏检测槽设计为 32 条回路,一次检测 16 条回路通道,分两次进行检测。每条回路通道的两端均设有一个安装点,一端安装上压力表,另一端安装上压力密封阀并与配有减压阀的氮气瓶相连,给检测的各条回路通道加压,使通道中的压力至少达到安全壳钢衬里的试验压力,即相对压力 4.025×10^5 Pa。加压 1 h 后,开始记录各条回路通道内的压力值、温度和时间等参数,使用红外测温仪测量温度时应在每条回路通道上取 3～4 个不同点分别进行测量,然后取算术平均值作为该条被测回路的起始温度。被加压回路通道内部的压力值至少保持 12 h,期间检测人员应始终在场。达到保持压力后,记录压力、温度和时间等参数,测量温度时也应在 3～4 个不同点分别测量,然后取算术平均值,并与检查开始时的起始温度进行比较,两者温差不得超过 5 ℃。

压差计算及验收评定根据检查开始和结束时的压力、温度和时间等参数,利用以下公式计算可得到允许压力下降值,将它与压力表上测出的实际压力下降值相比较。将整个回路看作是密封的,测量得到的压力下降值应小于计算得到的允许压力下降值(计算得出的泄漏率小于上述 L_r 值)。

计算公式:

$$\Delta P = L_r \times L \times t \times \frac{T}{V_o T_a} + P_o \Delta T / T_o \tag{4-8}$$

式中:L_r——焊缝每米长度上的泄漏率单位 atm·cm³/s(允许值 4×10^{-3});

ΔP——泄漏检测槽通道压力下降值,单位 10^5 Pa;

P_o——检查开始时的绝对压力,单位 10^5 Pa;

L——被检查焊缝总长,单位 m;

t——检查保持压力时间,单位 s;

V_o——回路的总体积,单位 cm^3;

T——回路的最终温度,单位 k;

T_o——回路的初始温度,单位 k;

$\Delta T(T_o - T)$——温差,正负均可;

T_a——大气温度 293 k。

在通常的测试中,因为测试的压力为相对大气的压力,测试时的大气压力在不同的测试时间,测试地点都有较大的不同,在相对测量中还需要对测试时的大气压及被检件中的压力进行测试。被检件中气体压力随着环境温度升高而增加,随着环境温度的降低而减少,实际漏气引起的压力降应扣除温度和大气压的波动。

在静态压降泄漏检测中,被检件一般都不进行预先抽真空,而是在大气本底的基础上充入泄漏检测气体。泄漏检测气体包含有水蒸气,如果温度低于露点①温度,水蒸气将凝结在固体表面,这样水蒸气的压力将要从泄漏检测气体的总压力中剔除。当温度高于露点温度,

---

① 露点含义:保持空气中水汽含量不变,当空气温度降低到某值时,空气中的未饱和水汽刚好能变成饱和水汽,这个温度叫做露点。用露点下的饱和水汽压可测量空气的绝对湿度。

被检件中的水蒸气将蒸发而增加被检件空气中的总压力。鉴于因温度发生变化，从而使得水蒸气的凝结和蒸发对恒定体积被检件中空气的总压力也将随之产生较大的影响。因此，在对底板、截锥体泄漏检测槽进行静态压降泄漏检测试验时的起始及终止时间的选取，应尽量控制在相差范围比较小的时间段内进行。通过比对试验，推荐初始打压时间选取下午6:00～7:00之间进行，因这个时间段现场的施工人员较少，便于对现场所用打压设施进行有效的布置及看护，防止非检测人员误动检测设备，而造成试验数据结果的不准确。同时，此阶段的环境温度与经12 h保持压力终止记录时间的温度，也较为接近，避免形成较大的温差，而致使试验无效。

三、泄漏检测安全

钢衬里检测环境较为开阔，空气的流通较为顺畅，因此氮气对人体造成伤害的几率较小。但是需要注意在开启氮气瓶和检查过程中避免过于接近氮气瓶出气口或相关漏气源，造成氮气直接的误吸入，而对检测人员形成伤害。

被检件在输入气体进行压力泄漏检测之前要用液体进行压力测试(水压试验)。因使用液体对被检件加压不会像使用高压气体那样有引起爆炸的危险。但考虑到在泄漏检测槽中注入的水不便于排除并且容易在泄漏检测槽内部对钢材形成锈蚀等因素，因此在检测过程中未采取水压试验。为了有效的控制泄漏检测安全，选择充压时逐条回路通道进行，并在整个充压过程中注意观察压力表的指针读数，控制好气体流入的速率(不宜过快)，使气体缓慢将泄漏检测槽内的压力充加到检测所需的压力范围后进行保压的方式，避免因充压过快或过度充压而使焊缝较薄或存在缺陷的焊接点处产生变形、开裂等现象。

第七节 冷凝器系统在役氦质谱泄漏检测

凝汽器是动力循环的冷源，在汽轮机低压缸内膨胀作过功的蒸汽排至凝汽器中冷凝成水，乏汽凝结过程中放出汽化潜热并被循环冷却水带走。其具体功能包括：与抽汽系统一起为汽轮机建立和维持真空；把在低压缸内做完功的蒸汽冷凝成水；接收各疏水箱来的疏水和不凝结气体，回收和贮存洁净的凝结水，对凝结水进行初步除氧后，为动力循环提供给水。

一、凝汽器的密封要求

1. 真空度

在额定功率水平下，凝汽器中的绝对平均压力为4.2 kPa，当凝汽器中的压力上升到11.8 kPa时，会出现真空报警信号，当凝汽器中的压力上升到19.6 kPa，自动保护系统将触发汽轮机保护跳机。

2. 氧含量

凝汽器工作在真空环境下，密封性不好可能导致吸入空气，吸入空气会使泵出故障的可能性增加，降低泵的产量；吸入空气导致酸的产生，引起主凝结水系统管线的腐蚀。一般凝结水氧含量要求≤30 ug/L。

3. 氯、钠含量

另外凝汽器换热管(钛管)如发生破裂等泄漏，在压差作用下会造成海水向凝汽器汽侧泄漏，从而会使凝结水中氯离子、钠离子超标，引起二回路系统设备管线的腐蚀。一般凝结水钠含量要求≤1 ug/L。

二、检测方法

检测方法采用负压采样法，负压采样法既非正压法，又非负压法。该法是将被检查的容器抽空，示漏物质施加在外面。如果被检容器有漏孔，示漏物质是通过漏孔进入容器被真空泵抽出。使用一个与检漏仪连接的吸枪在泵的排气出口处采集示漏物质样品，从而判定漏孔的情况。

其具体工作程序为在可疑区域（检测工作面）注入检测用示踪气体氦气，氦气在凝汽器真空负压的作用下经漏点迅速进入真空系统，随真空系统的不凝结气体经真空泵排向大气，利用高精度的氦质谱泄漏检测仪在真空泵出口取样分析，检测出氦气的含量，从而判断被测区域是否存在漏点及漏点大小，确定冷凝器泄漏管束所处的位置，以便堵漏。

三、实施方案

1. 二分排除法

二分排除法是利用涂布薄膜，每次覆盖 1/2 检测工作面，以相对漏率模糊判定法，逐次缩小可疑泄漏区域，最终找出漏点所在的方法。

2. 相对漏率模糊判定法

相对漏率模糊判定法是每次在可疑区域（检测工作面）注入等量的氦气，利用氦质谱泄漏检测仪检测到的漏率峰值相对大小变化，判断当次被检测区域的漏率大小的变化。若漏率峰值明显变小，则当次被检测区域的漏点数比上次被检测区域的漏点数少，即有漏点被上次涂布的薄膜所覆盖；若漏率峰值基本不变，则上一次被检测区域的相对较大的漏点集中在当次被检测区域，即没有相对较大的漏点被上次涂布的薄膜所覆盖；若漏率峰值不变，则上一次被检测区域的漏点集中在当次被检测区域，即没有漏点被上次涂布的薄膜所覆盖。

3. 放样装置法

采用不同规格的放样装置，每次覆盖一定的检测工作面，并注入氦气，利用氦质谱泄漏检测仪检测到的漏率峰值相对大小变化，判定检测区域是否存在漏点，并利用不同规格的放样装置确定漏点的准确位置。

四、检测技术

1. 泄漏检测前准备

汽轮发电机组停运，抽真空系统及取样系统投运：

（1）确认钛管水排空后，要求运行人员关闭相应列的虹吸破坏阀；

（2）确认有泄漏管束存在的冷凝器所在的循环水通道已隔离，机组降到相应的负荷；

（3）冷凝器外部脚手架已搭建；

（4）冷凝器循环水进口水室人孔门已强制通风；

（5）水室内脚手架已按要求搭建（注意：封盖循环水进水管口，以免异物落入，脚手架以上、下、左、右操作方便为原则）；

(6) 排气端移动式通风机组已投运，出口位于常规岛厂房门之外。

2. 检测系统安装

检测系统按图 4-15 所示进行安装，具体如下：

(1) 在机组取样系统安装检测取样用吸抢；

(2) 安装氦质谱仪及其记录仪；

(3) 在冷凝器查漏的相对另一侧安装通风系统。

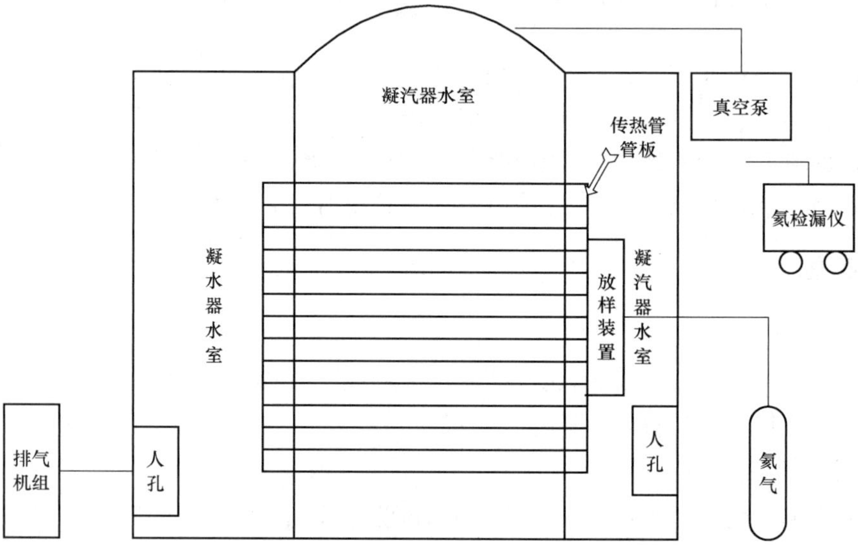

图 4-15 冷凝器负压采样法检测系统连接图

3. 灵敏度校验

启动氦质谱仪和记录仪，稍微打开泄漏管束所在冷凝器对应的阀门组，在管口投放氦气。从投放氦气一刻起到质谱仪检测有氦气存在所需时间即为系统反应时间。同时需要注意：

(1) 由于测量反应时间可选不同的阀门组，因此必须有操作记录；

(2) 阀门开度应尽可能小，以手掌放在管口处感觉有空气进入冷凝器即可，以免干扰机组运行。

4. 检测

(1) 检测泄漏区域

将冷凝器管板按垂直轴线 A-B 分成两部分，使用放样装置从上至下沿两部分分步扫描，适当控制氦气流量，如果流量太小，则需要加大连接软管尺寸，每步移动长约为 250～300 mm，每步停留时间约为事先测得系统反应时间的 1.5～2 倍，每移一步，用记号笔做好标记，多步之间应至少有一排管孔的重叠以免产生盲区。

(2) 检测泄漏子区

将泄漏区域 *acdf* 分成两个子区 *abef* 和 *bcde*，用和上述同样的方法分别使用放样装置进行查漏。可以确定出泄漏子区，如果泄漏管在子区 *bcde* 内，则该子区还可进一步分成两小子区，以便减轻下一步工作量。检测区域划分详见图 4-16。

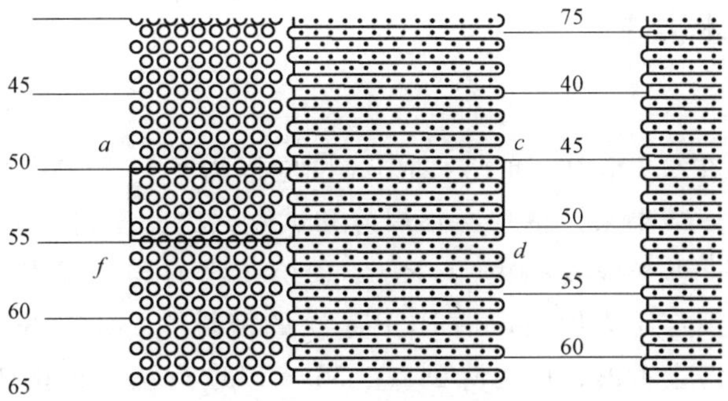

图 4-16　检测区域划分示意图

（3）检测泄漏管排

使用梳状探漏装置对泄漏子区内的管排逐排放样，同样可以定出泄漏管排，如图 4-16 子区 *abef* 中的第一和第三排管束。

（4）检测泄漏管子

使用单通道放样管，对泄漏管排中的每一根管子分别进行放样检测，便可确定泄漏管子所处的具体位置。用同样的方法可以确定整个管板上泄漏区域内泄漏管子的具体位置。

（5）封堵鉴定

所有泄漏钛管的两端封堵后，应做整体再鉴定，即冷凝器整体充氦气泄漏检测，以鉴定封堵是否有效。

五、注意事项

（1）在进行管束分区时，相邻小区之间有重叠，以避免氦气投样装置可能产生“盲区”；

（2）分区投样查漏过程中查漏试验负责人必须对投样人员的投样操作以及标识进行独立验证并作书面记录；

（3）在查漏试验过程中，凝汽器外部的监护人员必须持续查看氦气瓶压力表，及时更换氦气瓶，避免“断气”情况出现；

（4）在凝汽器附近氦气本底明显升高或者本底不稳定时，要暂时停止查漏作业，查明情况。

第八节　压水堆核电厂压水堆核电厂一回路役前水压试验

一、试验目的

水压试验的目的是以一个合适的试验压力，对 RCP 系统及其有关辅助系统的高压部分进行强度性水压试验，以检查一回路系统的设备、管道的密封和焊接质量，验证其承压运行时的密封性和安全性。从而证明从本次试验结束到下次试验实施之前的这段时间里反应堆一回路系统在正常运行和设计的事故工况下是安全的，并满足核安全法规的。除此之外，在水压试验的升压过程中进行 RRA、RCV 等辅助系统的冷态功能试验。

二、验收准则和技术要求

1. 泄漏率

水压试验期间将分别在 2.7 MPa 和 15.4 MPa 试验压力平台下实施两次泄漏率计算，并根据这两次的泄漏率计算结果来评估一回路焊缝和试验回路的密封性。第一次泄漏率计算在 2.7 MPa 压力平台下，动态排气结束后，RRA 系统还没有与主系统隔离的情况下进行。它的作用是在升压至额定压力值前评估 RCP 系统的密封性。如果 RCP 的密封性未满足要求（建议应＜100 L/h），应考虑将压力降到 0.3 MPa 以进行法兰连接的重新紧固（注意本次降压不作为试验瞬态消耗进行记录）。第二次泄漏率计算是在 15.4 MPa 压力下进行的。总泄漏率＞230 L/h 或者未能收集/定位的泄漏率＞50 L/h 时表示试验条件不足，需要立即查找原因。

2. 设计压力和试验压力下的检查

在设计压力时，确认内侧 O 形环无泄漏，确认泵体、阀门、管道、焊缝、法兰面、人孔、手孔盖板及其他连接处无渗漏，压力表指示基本不变。在设计压力的 1.33 倍时，确认焊缝无渗漏，各种密封面的连接处无异常。在 22.8 MPa 时（役前检查）需维持 10 min 再开始检查，水压试验的持续时间取决于检查时间。在要求测量变形时，首先从零点压力到保持压力和继后在达到试验压力后又回到零点压力进行多次测量，所测得的部件总变形量应该符合规定值。

3. 水压试验边界确定

RCC-M 规定：一回路主系统 1 级部件的压力试验适用于一回路主系统的全部承压部件。这些承压部件所包容的流体直接接受核燃料所释放的能量，且这些部件不能够与反应堆压力容器安全地隔离。此规定不适用于内径＜25 mm 的管道。这样确定压水堆核电厂一回路役前水压试验边界为：RPV 及其顶盖；热电偶套管的导向管（耐压管）；控制棒驱动机构的耐压壳；一回路主管道，即一、二回路的冷段、过渡段和热段；SG 的一次侧；主泵及其第一级轴密封；稳压器及其波动管线；PZR 安全阀以及相连的管线；内径＞25 mm 的辅助管道及相关的阀门和附件；一回路的测温旁通管线；PZR 的喷淋管线；连接 RCP 到辅助系统直到并包括第二个隔离阀（从高压侧算起）。

另外，为了满足试验时边界内的设备均能处于试验压力下及操作需要需扩大承压边界至下列管线：主泵一号轴封的注入管线；直到减压阀的过剩下泄管线；RIS 止回阀的试验管线（对与一回路相连的 RIS 系统的第二道逆止阀引压及超压保护管线）。

三、试验实施过程

压水堆核电厂一回路役前水压试验分为 7 个升压平台 2.5/7.0/10.0/15.4/16.5/17.2/22.8 MPa 和 5 个降压平台 17.2/16.5/15.4/7.0/2.5 MPa。

四、无损检测人员工作

1. 工作准备

水压试验前检查焊缝的标识、标记，并对校检有关部位贴上标识记号。

2. 压力平台 1 工作

当系统压力达到 22.8 MPa 压力平台，稳定 10 min 后，进行以下范围的目视检测，主要检查内容是核实焊缝及阀门是否有泄漏或渗漏：

(1) 堆芯、测量装置导向管与隔离阀或密封阀之间的连接焊缝；

(2) 控制棒驱动机构和热电偶贯穿件套筒焊缝(可达区域)；

(3) 控制棒驱动机构和热电偶管座法兰与管座之间的焊缝(可达区域)；

(4) 稳压器仪表接管管嘴焊缝；

(5) 反应堆冷却剂泵与 RCV 系统热屏蔽边界连接的支管焊缝。

3. 压力平台 2 工作

系统压力降至 15.4 MPa 压力平台后进行以下范围的目视检查，主要检查内容是核实焊缝及阀门是否有泄漏或渗漏：

(1) 反应堆冷却剂管道环焊缝；

(2) 反应堆冷却剂辅助系统管道(包括稳压器波动管)环焊缝；

(3) 主系统阀门。

4. 压力平台 3 工作

当系统降压在 15.4 MPa 压力平台后保持时，持续进行以下范围的目视检查，主要检查内容是核实焊缝及阀门是否有泄漏或渗漏：

(1) 阀门、标称直径≥250 mm 的安装管线(反应堆厂房内侧)环焊缝；

(2) RIS 泵下游与热启、冷启连接的安注管线(反应堆厂房内侧)环焊缝。

思考题

1. 蒸汽发生器传热管的氦质谱检漏应用的是哪种方法？

2. 管道安装阶段应用哪些泄漏检测方法？

第五章　标准与规范

第一节　国内标准

一、检漏的基础标准

(1) GB/T 3162—2007 真空技术术语；

(2) GB/T 12604.7 无损检测名词术语-泄漏检测；

二、检漏的方法标准

(1) GB/T 15823—2009　氦泄漏检测方法；

(2) QJ 3252—2005　气泡检漏试验方法；

(3) QJ 3089—1999　氦质谱正压检漏方法；

(4) QJ 3122—2000　氦质谱真空检漏方法；

(5) QJ 3212—2005　氦质谱背压检漏方法。

第二节　国外标准

一、RCC-M 标准

RCC-M 标准中关于泄漏检测的要求在 MC 分卷的 MC7400 章，在 NFA 标准中对各种泄漏检测方法进行规范，其检测方法与 NFA 标准的对应关系如下：

(1) 整体真空检漏法(HOOD-TEST)-NFA09-492；

(2) 局部真空检漏法(PARTIAL HOOD TEST)-NFA09-492；

(3) 吸盘法(SUCTION CUP METHOD)-NFA09-492；

(4) 吸气探头加压捡漏(SNIFFING PROBE PRESSURE TEST)-NFA09-491；

(5) 累计真空罩法 -NFA09-491。

目前由 NFEN13185:2001 替代 1989 年 8 月发布的 NFA09-492 标准；目前 EN13184:2001 涵盖了 NFA09-491 所叙述的内容。

二、ASME 锅炉及压力容器规范

“ASME 锅炉及压力容器规范”是美国机械工程师协会于 1911 年成立的锅炉及压力容器委员会所制定的，目的在于提供控制设计、制造和检测等质量的有关规则。这些规则平衡了用户、制造商和检测师的要求，并为锅炉和压力容器在使用中保留了一定的安全裕度，为防止破损和对生命财产安全提供合理可靠的保证。

ASME 第Ⅴ卷第 10 章“泄漏试验”包括了正文和 10 个强制性附录和一个非强制性附录。正文规定了采用 ASME 规范进行各种泄漏检测时的总要求。对各种泄漏检测技术在相应的强制性附录中有详细的规定，而有关检测规程、设备、检定、评定，检测文件等正文中都作了一般性的规定。

当本《规范》的有关卷规定采用第 10 章的泄漏方法或技术时，应同时采用第 1 章的一般要求。即只要采用第 10 章的泄漏方法或技术时，必须和第 1 章同时采用。

规定泄漏检测应按书面检测规程进行。书面规程必须详细、实用。书面检测规程的要求是最低要求，其内容详见相应的强制性附录。书面规程要求对重要变素和非重要变素应规定单一值或数值范围。

1. 附录Ⅱ气泡试验-真空罩技术

文中的“附录Ⅱ气泡试验-真空罩技术”是 ASME 第 V 卷第 10 章的附录 II 内容。

(1) Ⅱ-1000 引言

Ⅱ-1010 适用范围

说明：适用于不能直接加压的部件，采用真空罩技术对部件的局部待检部位进行气泡检漏。

(2) Ⅱ-1020 总则

Ⅱ-1021 书面规程要求

说明：规定了书面检测规程的要求，见(表Ⅱ-1021)，表中列出了重要变素有：气泡形成溶液、表面温度、表面制备技术、照明强度、检测人员技能鉴定要求等。非重要变素有：真空罩(尺寸和外形)、真空源、溶液注施器、试验后的清洗技术、人员鉴定要求等项。此外，书面规程还包括下列规定的要求：

1) 压力表；

2) 真空试验压力；

3) 真空保持时间；

4) 真空罩重叠；

5) 验收标准。

说明：书面规程的鉴定则按第 10 章总则的规定处理。

(3) Ⅱ-1030 设备

Ⅱ-1031 起泡溶液

说明：起泡溶液应采用检漏专用的溶液。形成起泡的溶液应能适应检测条件下的温度。

Ⅱ-1032 真空罩

说明：应具有适当的尺寸，例如长 762 mm，宽 152 mm，该尺寸应与待检的局部区域相适应；应具有顶视窗口，罩口应有垫圈与待检表面密封，并配有连接头、阀门、照明以及测量用的真空计，真空计量程应为 0～103 Pa 或与其相当的压力单位 0～760 mmHg。由于真空罩技术压力不高，因而压力计量程限度不受规范正文 T1031 要求的限制。

Ⅱ-1033 真空源

说明：真空罩内所要求的真空可用适当的方法获得，如空气喷吸器、真空泵或电动机带动的抽气装置等。真空计应能指示出至少大气压以下 13.8 kPa。或按规范有关卷的规定。

（4）Ⅱ-1070 试验

Ⅱ-1071 表面温度

说明：受检部件表面温度应保持在 4～52 ℃范围。只要在范围内，允许对部件局部加热或冷却。如果超出范围，必须验证检漏结果，因为表面温度是重要变素。

Ⅱ-1072 施加溶液

说明：在真空罩放置之前，应将起泡溶液施加到被试验的表面上，可用流布、喷涂或刷涂的方法施加到被检表面。

Ⅱ-1073 真空罩的放置

说明：真空罩应放置在涂有起泡溶液的被检表面上，然后将罩内抽真空至所要求的真空度。

Ⅱ-1074 保压(真空)

说明：在检测中，所要求的真空度(压力差)至少应保持 10 s。

Ⅱ-1075 真空罩的覆盖

说明：每一相邻区域的检测，真空罩的放置应至少有 50 mm 的覆盖。

Ⅱ-1076 照明和目视器材

说明：与附录Ⅰ气泡试验-直接加压技术中的(Ⅰ-1075 照明和目视器材)相同。

Ⅱ-1077 泄漏显示

说明：当被检件表面有连续气泡出现就表示受检部位有穿透性针孔泄漏。

Ⅱ-1078 试验后的清洗

说明：检测后为了达到产品的使用性能，可能要进行清洗。

（5）Ⅱ-1080 评定

Ⅱ-1081 泄漏

说明：除非相关产品设计文件或采购技术条件另有规定，若未观察到被检区域有连续的气泡形成，则可验收。

Ⅱ-1082 返修/重新试验

说明：当观察到有泄漏时，应标出泄漏位置，然后将被检件降压，按相关产品设计文件或采购技术条件的规定返修泄漏处。所有经返修的区域，应按要求重新检测。

2. 附录Ⅳ 氦质谱仪试验-探测器探头技术

文中的“附录Ⅳ 氦质谱仪试验-探测器探头技术”是 ASME 第 V 卷第 10 章的附录Ⅳ内容。

说明：所谓“探测器探头技术”也就是国内常指的氦质谱吸氦法或嗅吸探头法，“探测器探头”也就是吸枪。

（1）Ⅳ-1000 引言

Ⅳ-1010 适用范围

说明：适用于氦质谱法用探测器探头对充氦的部件进行检漏的技术。探测器探头技术是一种半定量技术，因此只能适用于定位而不能用作定量。

（2）Ⅳ-1020 总则

Ⅳ-1021 书面规程要求

说明：规定了探测器探头技术书面规程要求和规程鉴定要求。书面规程要求见 T-

1021.1 和表Ⅳ-1021。表中列出了：五项重要变素，氦质谱检漏仪和探测器探头的制造厂和型式、表面制备技术、受检部件金属温度、人员技能鉴定；六项非重要变素，加压气体(空气或惰性气体)、扫查速率、信号发生装置、扫查方向、试验后的清理技术和人员鉴定要求。此外还规定了下列规程要求：

1）设备泄漏标准(检漏仪标准漏孔漏率)；

2）系统泄漏标准(检测系统标准漏孔漏率)；

3）示踪气体；

4）示踪气体浓度；

5）试验压力(充氦压力)；

6）浸泡时间(保压时间)；

7）扫查距离；

8）压力表；

9）灵敏度验证核查；

10）验收标准。

上述规程鉴定的要求应按第 10 章总则的规定处理。

(3) Ⅳ-1030 设备

Ⅳ-1031 仪器

说明：应采用灵敏度比较高的氦质谱检漏仪，并采用下述一种或几种信号装置来指示泄漏现象：仪表、音响装置、指示灯。

Ⅳ-1032 辅助设备

说明：稳压器　当电源电压有波动时，应在仪器上接一个稳压器；

探测器探头　所有被检部位都应用探测器探头扫查。探头用一段软管与仪器相连接，为了缩短响应时间和净化时间，软管的长度一般应不超过 4 572 mm。

Ⅳ-1033 校准泄漏标准

说明：校准泄漏标准(校准漏孔)应采用符合 T-1063.1 或 T-1063.2 的渗透型标准或毛细管型标准漏孔。采用校准漏孔的类型应根据检漏仪、检测灵敏度的要求或按本规范有关卷的规定。

(4) Ⅳ-1060 校准

Ⅳ-1061 仪器校准

说明：在用已经检定的标准漏孔对检漏仪校准之前仪器应通电预热，预热的最少时间应按照检漏仪制造厂的规定。校准检漏仪时用 T-1033.1 所述的渗透型标准漏孔，使仪器处于最佳或最合适的灵敏度下，检漏仪对氦的最小灵敏度为 1×10^{-10} Pa·m^3/s。

Ⅳ-1062 系统校准

说明：

1）标准漏孔大小　被检系统校准时应采用毛细管型标准漏孔作为校准漏孔，由于毛细管型标准漏孔漏率用的是 100%氦浓度，因此要换算成检测系统检漏时所用的氦浓度，则检测系统毛细管型标准漏孔的最大漏率 Q 应按下式计算：

$$Q=Q_S\ \frac{\%TG}{100}$$

式中 Q_S为毛细管型标准漏孔漏率,%TG 为检漏所用的氦浓度。

2)扫描(查)速率 将探测器探头与检漏仪连接后,在进行检测前的被检系统校准时,应将探测器探头嘴在校准漏孔上扫查,扫查时,探测器探头嘴与校准漏孔应保持在 3.2 mm 以内,以测得泄漏率为 Q 时扫查速率为准。对被检系统的扫查应不超过能检出校准漏孔泄漏率为 Q 的速率。

3)探测时间(响应时间) 在被检系统校准时,应记录检漏仪输出信号达到稳定所需要的时间,即响应时间。这是对部件检漏确定漏孔的定位时间,应该越短越好,以减少确定泄漏位置所需的时间。

4)校准频度和灵敏度 指被检系统灵敏度的校准次数,规定在检测前和检测后应该校准,检测中间应每隔 2 h 校准一次。若不能检出Ⅳ-1062.2 所述的泄漏 Q,则仪器要重新校准,并且上一次合格的校准核查以及所有检测部位均应重作检测。

(5) Ⅳ-1070 试验(检测)

Ⅳ-1071 试验场所

说明:检测场所应注意避免过分通风,以免使检测所需的灵敏度降低。

Ⅳ-1072 示踪气体浓度

说明:除非本规范有关卷另有规定,氦示踪气体的浓度在检测压力下,应至少为 10%体积浓度。

Ⅳ-1073 保压时间

说明:检测之前,检测压力应至少先保持 30 min,保压的目的是被检件内氦气浓度均匀。当出现下述情况时,氦气会迅速扩散,这时允许保压时间少于 30 min。

1)采用特殊的临时性密封装置(例如抽气罩)检测开口部件。

2)充氦加压前已部分抽空的部件。

Ⅳ-1074 扫描(查)距离

说明:在达到要求的保压时间后,探测器探头嘴应在被检件表面上方通过。扫查时探头嘴与被检表面的距离应保持在 3.2 mm 以内。若被检系统校准时采用更小的距离,则扫查时的距离不应超过该距离。

Ⅳ-1075 扫描(查)速率

说明:最大的扫查速率应按Ⅳ-1062.2 确定。

Ⅳ-1076 扫描(查)方向

说明:检测时,扫查应从被检件最上部开始,然后渐次向下,因为氦气比空气轻。

Ⅳ-1077 泄漏检出

说明:采用检漏仪的(仪表、音响装置、指示灯)中一种或几种信号装置来指示泄漏检出。

Ⅳ-1078 应用(略)

(6) Ⅳ-1080 评定

Ⅳ-1081 泄漏

说明:除本规范有关卷另有规定之外,若检出的泄漏率不超过 1×10^{-5} Pa·m^3/s 的允许漏率,则该被检测的区域应可验收。

Ⅳ-1082 返修/复检

说明:当检测出不能验收的泄漏时,应标出泄漏位置,然后将被检件降压,按相关产品设计文件或采购技术条件的规定返修泄漏处。所有经返修的区域,应按要求重新检测。

3. 附录Ⅴ 氦质谱仪试验-示踪探头技术

文中的“附录Ⅴ 氦质谱仪试验-示踪探头技术”是 ASME 第 V 卷第 10 章的附录Ⅴ内容。

说明:所谓“示踪探头技术”也就是国内常指的氦质谱喷氦法,“示踪探头”也就是喷枪。

(1) Ⅴ-1010 适用范围

说明:适用于氦质谱法用示踪探头对抽空部件进行检漏的技术。示踪探头技术是一种半定量技术,因此只能适用于定位而不能用作定量。

(2) Ⅴ-1020 总则

Ⅴ-1021 书面规程要求

说明:规定了示踪探头技术书面规程要求和规程鉴定要求。书面规程要求见 T-1021.1 和表Ⅳ-1021。表中列出了:五项重要变素,氦质谱检漏仪和示踪探头的制造厂和型式、表面制备技术、受检部件金属温度、人员技能鉴定;七项非重要变素,示踪探头流量率、扫查速率、信号发生装置、扫查方向、真空泵系统、试验后的清理技术和人员鉴定要求。此外还规定了下列规程要求:

1) 设备泄漏标准(检漏仪标准漏孔漏率);

2) 系统泄漏标准(检测系统标准漏孔漏率);

3) 示踪气体;

4) 真空试验压力;

5) 真空计量;

6) 浸泡时间;

7) 扫查距离;

8) 灵敏度验证核查;

9) 验收标准。

上述规程鉴定的要求应按第 10 章总则的规定处理。

(3) Ⅴ-1030 设备

Ⅴ-1031 仪器

说明:应采用灵敏度比较高的氦质谱检漏仪,并采用下述一种或几种信号装置来指示泄漏现象:仪表、音响装置、指示灯。

Ⅴ-1032 辅助设备

说明:1) 稳压器 当电源电压有波动时,应在仪器上接一个稳压器;

2) 辅助泵系统 当测试设备的大小需求使用辅助真空泵系统,真空泵系统的绝对压力和泵速应能使检测灵敏度和响应量时间达到要求;

3) 集流腔 就是用作正确连接仪器真空计、辅助泵、标准漏孔和检测部件的管道和阀门系统;

4) 示踪探头 用一根输送氦气的导管,一端连接 100%氦气源,另一端为带有调节阀的细小开口,如同喷枪;

5) 护罩 一种适用的罩子或容器,带有通孔以便连接接头;

6) 真空计 真空计的量程应能测量检漏系统的绝对压力,真空计的位置应在检测系统中远离泵系统的抽气口。

Ⅴ-1033 校准泄漏标准

说明：校准泄漏标准（校准漏孔）应采用符合 T-1063.1 或 T-1063.2 的渗透型标准漏孔或毛细管型标准漏孔。采用校准漏孔的类型应根据检漏仪、检测灵敏度的要求或按本规范有关卷的规定。

（4）Ⅴ-1060 校准

Ⅴ-1061 仪器校准

说明：在用已经检定的标准漏孔对检漏仪校准之前仪器应通电预热，预热的最少时间应按照检漏仪制造厂的规定。校准检漏仪时用 T-1033.1 所述的渗透型标准漏孔，使仪器处于最佳或最合适的灵敏度下，检漏仪对氦的最小灵敏度为 1×10^{-10} Pa·m^3/s。

Ⅴ-1062 系统校准

说明：

1）标准漏孔大小 Ⅴ-1033 所述的已校准的标准漏孔（毛细管型标准漏孔）应附接在待检部件上，并尽可能远离检漏仪与部件的连接处，这样才能真实反应实际漏孔的漏率。标准漏孔在校准检测系统时应保持开放（打开）。

2）扫描（查）速率 抽空后的被检件达到足够的真空度时，将氦质谱仪连接到被检系统。把示踪探头嘴横过校准漏孔（探头嘴应离校准漏孔 6 mm 以内）对被检系统进行校准。在实际检测中，对于示踪探头中纯氦（100%）的已知流速，被检系统的扫查速率不应超过能检出校准漏孔泄漏率的速度。

3）检测时间 在被检系统校准时，应记录检漏仪标准漏孔输出信号达到稳定所需要的时间叫检测时间（即响应时间）。这是对部件检漏确定漏孔的定位时间，应该越短越好，以减少确定泄漏位置所需的时间。

4）校准频度和灵敏度 指被检系统灵敏度的校准次数，规定在检测前和检测后应该校准，检测中间应每隔 4 h 校准一次。若不能检出Ⅳ-1062.2 所述的泄漏 Q，则仪器要重新校准，并且从上一次合格的校准核查以及所有检测部位均应重作检测。

（5）Ⅴ-1070 试验

Ⅴ-1071 扫描（查）速率

说明：最大的扫查速率应Ⅴ-1062.2 确定。

Ⅴ-1072 扫描（查）方向

说明：检测时，扫查应从被检件最上部开始，然后渐次向下扫查，因为氦气比空气轻。

Ⅴ-1073 扫描（查）距离

说明：示踪探头应在被检件表面上扫过，扫查时探头嘴与被检件表面距离应保持在 6 mm 以内。若被检系统校准时采用更小的距离，则扫查时的距离不应超过该距离。

Ⅴ-1074 泄漏探测（检出）

说明：采用检漏仪的（仪表、音响装置、指示灯）中一种或几种信号装置来指示泄漏检出。

Ⅴ-1075 流率（氦流量）

说明：最小流率（可由示踪探头阀门调节）应如Ⅴ-1062.2 设置。

（6）Ⅴ-1080 评定

Ⅴ-1081 泄漏

说明：除本规范有关卷另有规定之外，若检出的泄漏率不超过 1×10^{-6} Pa·m^3/s 的允许漏率，则该被检测的区域应可验收。

Ⅴ-1082 返修/复检

说明：当检测出不能验收的泄漏时，应标出泄漏位置，然后将被检件降压，按相关产品设计文件或采购技术条件的规定返修泄漏处。所有经返修的区域，应按要求重新检测。

思考题

1. 国内核电厂应用哪些标准？
2. ASME 标准中共规定了几种泄漏检测方法？

第六章　泄漏检测通用工艺规程与检测工艺卡

泄漏检测工艺规程是对某种被检件进行泄漏检测时写明详细要求的工艺技术文件，泄漏检测工艺卡是对具体被检件下达检测任务时使用的具体作业文件。

泄漏检测工艺规程和泄漏检测工艺卡的编制应该按照ASME的要求，由具有泄漏检测Ⅱ级及Ⅲ级人员编写，并经泄漏检测Ⅲ级人员审核和批准。没有获得相应资格的人员，不能从事泄漏检测工艺规程的编写、审核和批准工作。

第一节　编写内容

泄漏检测工艺规程和泄漏检测工艺卡都是指导无损检测工作实施的技术文件。由于各单位关于质量控制体系的不同，并没有统一的模式，因此在泄漏检测工艺规程和泄漏检测工艺卡的编制、使用和管理上也就各不相同。

泄漏检测工艺规程是对某种被检件进行泄漏检测时写明详细要求的工艺技术文件，泄漏检测工艺卡是对具体被检件下达检测任务时使用的具体作业文件。

泄漏检测工艺规程和泄漏检测工艺卡的编制应该按照GJB 9712—2002的要求，由具有泄漏检测Ⅰ级及Ⅲ级人员编写，并经泄漏检测Ⅲ级人员审核和批准。没有获得相应资格的人员，不能从事泄漏检测工艺规程的编写、审核和批准工作。

一、泄漏检测工艺规程的编写

泄漏检测工艺规程按照验收的技术条件及相关标准编写，至少应该包括工艺说明、仪器与设备、工艺装备与工具、材料、试件准备、泄漏检测仪（系统）调试、泄漏检测实施、验收准则、后处理等内容。

1. 工艺说明

编写好的工艺说明应该放在工艺规程的前面。

工艺说明中应该对被检工件的相关情况作比较详细的介绍，以便泄漏检测人员心中有数，有利于检测工作的顺利进行，

（1）介绍被检测工件的图号、名称、材质，被检件的图号与名称必须清楚，许多被检件的名称都是一样的，无法区分，必须有完全清楚的图号，才能避免发生错误。

（2）画出泄漏检测示意图

介绍相关的技术文件、标准、允许漏率指标。泄漏检测示意图是非常必要的，泄漏检测人员可以通过泄漏检测示意图了解被检件的基本情况，清楚需要泄漏检测的部位，容易使人尽快建立一个比较清楚的感性认识。泄漏检测示意图不是将正式图样照抄一遍，画出主要轮廓即可，但是必须清楚地标明需要泄漏检测的部位。

通过介绍相关的技术要求、标准和漏率指标，使泄漏检测人员对被检件的技术要求有一个清楚的了解，这是必不可少的。

(3) 泄漏检测仪和泄漏检测系统的灵敏度

每一个被检件都有漏率指标要求,因此泄漏检测中使用的泄漏检测仪和泄漏检测系统必须达到一定的灵敏度,才能满足泄漏检测的要求。

在此应该严格区分泄漏检测仪的灵敏度(即泄漏检测仪的最小可泄漏检测率 Q_{min})和泄漏检测系统的灵敏度(即泄漏检测系统的有效最小可泄漏检测率 Q_e)。氦质谱泄漏检测仪的最小可泄漏检测率 Q_{min} 是将仪器调到最佳工作状态,纯示综气体通过漏孔时,泄漏检测仪所能检出的最小(1 倍噪声)漏率。它是氦质谱泄漏检测仪自身的重要性能指标。

有效最小可泄漏检测率 Q_e 是将仪器及其外部泄漏检测系统调到具体工作状态(允许有辅助泵的分流),当示漏气体通过被检件上的漏孔时,示漏气体进入检薄仪,在此情况下所能检出的最小(1 倍噪声)漏率。与泄漏检测仪的最小可泄漏检测率不是一个概念,而有效最小可泄漏检测率 Q_e 才是我们工作中需要应用的指标。所谓有效最小可泄漏检测率,就是在泄漏检测时,被检件上虽然有泄漏,但是漏率小于有效最小可泄漏检测率 Q_e 的数值时,泄漏检测仪就没有漏率显示了,即检测不出来了。

一般情况下,泄漏检测系统的有效最小可泄漏检测率 Q_e 都要大于泄漏检测仪的最小可泄漏检测率 Q_{min},也就是说,泄漏检测仪的灵敏度比较高,泄漏检测系统的灵敏度比较低。所以不能使用泄漏检测仪的灵敏度来判断能否满足被检件泄漏检测灵敏度的需要,而应该使用泄漏检测系统的灵敏度(即泄漏检测系统的有效最小可泄漏检测率 Q_e)来判断能否满足被检件泄漏检测灵敏度的需要。

按泄漏检测标准规定,有效最小可泄漏检测率 Q_e 应该小于被检件的允许漏率指标,要求小于被检件的允许漏率指标的 1/5 到 1/10。

(4) 安全事项

泄漏检测过程中,可能出现许多不安全的因素,没有必要全面叙述。但是对于该被检件泄漏检测过程容易出现的不安全因素,必须作一些必要的说明。

在充压泄漏检测和真空罩气泡泄漏检测中可能出现爆破的危险。在被检压力系统中,由于被检件存在某些缺欠,或者充压压力过高,都有可能产生爆破的危险。当被检压力容器的体积很大、试验压力很高、材料很硬很脆时,试验中出现危险的可能性就越大,造成的伤害就越严重。用气体加压的容器中所储存的总能量是压力和体积的函数。因此,大体积低压力的容器可能与小体积高压力的容器含有相同的储存能量,因此它们都存在同样大小的危险。被检容器由脆性材料制造时,破坏造成的危害要大于塑性材料。在真空罩气泡泄漏检测试验中,也存在容器破坏的危险。容器被抽真空以后,每平方米面积上的大气压力大约有 10 t,假如其强度不够,就会破坏。若不注意防范,容器周围的人员也可能受到伤害。为了确保泄漏检测期间的安全,必须提醒泄漏检测人员注意预防这些危险,容器充压之前必须通过压力试验考核,充压压力一定不能超过规定,并且小心地加以控制。

当使用乙醇(酒精)作气泡泄漏检测时,要特别提醒泄漏检测人员注意防火问题。

要根据具体的被检件技术要求和泄漏检测条件,有侧重点地提出一些不安全因素,提醒泄漏检测人员注意预防这些危险。

(5) 提出对泄漏检测人员的资质要求

从事泄漏检测的人员应按照 GJB 9712—2002 的规定参加无损检测(泄漏检测专业)培训,通过考核与认证并取得国防科技工业无损检测人员鉴认委颁发的Ⅰ级或Ⅰ级以上资格证书。没有取得相应资格证书的人员不得从事产品的泄漏检测工作。

2. 仪器与设备

编写为一张表格,放在工艺规程的前面,

(1) 提出所需的泄漏检测仪器。根据泄漏检测的需要,使用不同的泄漏检测仪,如氦质谱泄漏检测仪、卤素泄漏检测仪、压力变化泄漏检测仪等。

(2) 提出所需的配套仪表。根据泄漏检测的需要,使用不同的真空表、真空计、压力表、压力计等。

(3) 提出所需的配套设备。根据泄漏检测的需要,使用不同的真空泵和加压泵,如机械真空泵、扩散泵、涡轮分子泵等。

3. 工艺装备及工具

编写为一张表格,放在工艺规程的前面。

(1) 不同的被检件泄漏检测时,需要配置不同的工艺装备,如泄漏检测堵盖、泄漏检测管路、泄漏检测控制台、真空平台等。有些工艺装备是通用的,有些则是专用的。

(2) 泄漏检测过程所需要的各种工具,都应该编写进去。

4. 提出所需的辅助消耗材料

泄漏检测过程需要使用的各种辅助消耗材料,如酒精、汽油、丙酮、真空泵油、真空封泥、氮气、氦气等,编写为一张表格,放在工艺规程的前面。

5. 试件准备

(1) 试件外观检查,泄漏检测人员从上一工序接收被检件以后,准备开展泄漏检测工作之前,一定要对被检件作详细的外观检查。查看被检件是否完好无损、是否与图样相符、是否存在变形、碰伤、划伤等不应该存在的缺陷,并在相关文件上做记录。当存在影响泄漏检测的各种缺陷时,应该将试件退还上一工序。

(2) 清洗试件,清洗与烘干是泄漏检测前的预备工作,一定要特别重视,被检件在泄漏检测前表面粘附的水、油及其他杂质有可能堵塞漏孔,若不清洗疏通,泄漏检测时可能漏检。所以,泄漏检测之前必须安排这一工序。清洗方法要根据被检件的表面状态、材料、污染程度来决定,一般对被检测部位要作溶剂除油清洗,常用汽油、丙酮、四氯化碳等擦洗,再用无水乙醇擦净。清洗用材料不应反复使用,否则其中的污物会造成二次污染。

(3) 烘干疏通漏孔,清洗完毕以后,一定要进行烘干。要提醒操作人员注意,烘干炉内腔要干净无粉尘,烘干过程中应有排风扇将烘出的气体排出烘炉。烘干的温度和时间要按图纸规定。

(4) 在试件上安装泄漏检测工艺装备及标准漏孔等,并与泄漏检测系统连接。要提醒泄漏检测人员注意,在使用工艺装备时,必须注意选择专用工艺装备,使用时比较方便,也比较可靠。但是对通用的工艺装备,使用在充压被检件上和使用在抽真空被检件上时,它们的密封要求是不一样的,一般的讲,使用在抽真空被检件上时,要求更高一些。管路的连接接头,使用在充压被检件上和使用在抽真空被检件上的形式是不一样的,因为抽真空时,管路承受的是一个大气压的负压力,接头处没有限位装置,工作时也不会被拉开;但是在充压被检件上就不一样了,管路承受的是若干大气压的正压力,接头处没有限位装置,系统充压以后，接头就有可能被拉开，非常危险，一定不能滥用。工艺装备中有许多橡胶密封件容易变形，导致密封性能下降，要提醒泄漏检测人员注意经常更换。

（5）对于体积比较大的被检件，要在其上安装定量用的标准漏孔。标准漏孔安装在有合适接头的法兰盘堵盖上。

（6）工艺规程应该写明被检件与泄漏检测系统如何连接，以及使用什么管路、阀门等详细内容。

6. 泄漏检测仪及泄漏检测系统的调试

（1）调试泄漏检测仪

测量泄漏检测仪的最小可泄漏检测率，在使用各种泄漏检测仪对被检件作泄漏检测前，都要对泄漏检测仪的灵敏度进行检测，一般检测其最小可泄漏检测率值。通过测量泄漏检测仪的最小可泄漏检测率，可以了解泄漏检测仪自身的状态，假如泄漏检测仪的灵敏度很差，就必须查找原因，排除故障。

（2）调试泄漏检测系统

测量泄漏检测系统的有效最小可泄漏检测率，检测泄漏检测仪的最小可泄漏检测率，只能说明泄漏检测仪自身的灵敏度好坏，当泄漏检测仪连接在泄漏检测系统中，它的有效灵敏度就要降低，是否能满足被检件的需要，还必须进行检测。一般是借助一支已知漏率的标准漏孔，将它装在被检件上，模拟泄漏检测状态，检测系统的有效最小可泄漏检测率，若能满足被检件需要，该泄漏检测系统可以应用于泄漏检测。否则，要更换灵敏度更高的泄漏检测仪或更改泄漏检测方法。

7. 泄漏检测实施

（1）被检件经过清洗烘干，泄漏检测系统的有效最小可泄漏检测率也符合泄漏检测要求以后，就要对试件的泄漏检测工艺规程作出详细说明；

（2）说明泄漏检测技术和泄漏检测方法。被检件对象不同，使用的泄漏检测技术和泄漏检测方法也可能不同，比较复杂的被检件，使用什么泄漏检测方法，往往是经过详细研究以后确定下来的，在工艺规程里一定要讲清楚；

（3）指明泄漏检测部位及泄漏检测工艺规程；

（4）按工序安排每一部位的具体泄漏检测工艺规程，找出漏点，记录泄漏检测仪的反应值；

（5）给出单孔漏率及总漏率的计算方法。通过泄漏检测，可以从泄漏检测仪上获得各个漏点的反应值（即测量漏率）。被检件的真实漏率，还必须与标准漏孔的反应值比对计算才能得到。当比对条件不一致时，还要对漏率数据进行修正，在工艺规程中，应该写清楚单孔漏率及总漏率的计算方法。

8. 验收准则

工艺规程中最后必须按照技术文件和标准的规定，写明下列相关内容。

（1）列出表格，做好各项原始记录；

（2）确定试件实际漏率的判定方法或者计算方法；

（3）记录所有漏点位置。应该要求在有关文件中详细记录还应该在被检工件上标出漏点的具体位置；

(4) 按图样技术文件、相关标准判定试件泄漏检测是否合格。

9. 后处理

(1) 分解试件上的各种工装；

(2) 清洗试件；

(3) 包封试件并妥善保管；

(4) 关闭泄漏检测仪和其他设备；

(5) 整理现场打扫卫生。

二、泄漏检测工艺卡的编写

泄漏检测工艺卡是对具体被检件下达检测任务时使用的具体作业文件。根据相关技术文件、泄漏检测工艺规程编写。它只对某一(或某一批)被检件适用。它的主要内容应该包括泄漏检测对象介绍、泄漏检测方法、泄漏检测所需条件、泄漏检测工艺规程、泄漏检测记录内容、漏率计算方法、试验报告内容等。

泄漏检测对象介绍内容包括被检件图号、被检件序号、泄漏检测技术要求、单点允许漏率、总体允许漏率、泄漏检测部位以及被检件外形示意图等。

泄漏检测方法内容包括规定的泄漏检测方法、适用标准、泄漏检测系统示意图等。

泄漏检测所需条件内容包括泄漏检测仪型号、泄漏检测系统有效最小可泄漏检测率、泄漏检测工艺装备、泄漏检测器材等。

泄漏检测工艺规程简明扼要地从头至尾写明全部工艺规程。

泄漏检测记录内容写明泄漏检测过程中必须记录的各种原始数据及相关问题。

漏率计算方法写明被检件真实漏率的计算方法和计算公式。

试验报告内容写明签发检测报告时必须填写的相关内容。

第二节　气泡泄漏检测通用工艺规程和工艺卡

气泡泄漏检测通用通用工艺规程一般进行如下描述。

一、目的

本工艺规程规定了真空罩气泡法检漏检测的人员资格、检测设备、检测条件、检测技术、记录和评定标准以及检测报告的内容和要求。

二、适用范围

本工艺规程适用××××真空罩气泡法泄漏检测工作。

三、适用标准、规范和文件

(1) HAF602 民用核安全设备无损检测人员资格管理规定；

(2) HAD103/07 核安全导则，核电厂在役检查；

(3) ××××规范或标准。

四、检测人员资格

(1) 从事泄漏检测的人员应按照《民用核安全设备无损检测人员资格管理办法》(HAF602)的要求，取得并持有在有效期内的泄漏检测资格证书；

(2) 具有泄漏检测Ⅰ、Ⅱ、Ⅲ级资质的检测人员经授权后均可从事泄漏检测工作。但泄漏检测Ⅰ级人员不能单独从事泄漏检测工作，必须在泄漏检测Ⅱ级或Ⅲ级人员的监督和指导下从事泄漏检测工作；检测结果的评定和检测报告的编写、审核必须由具有泄漏检测Ⅱ级或Ⅲ级资格的人员担任。

五、检测范围和区域

1. 检测对象

能形成气体余压工件，在被检查的局部上覆盖气泡形成物；

2. 检测范围

对于焊缝接头包括焊缝金属，以及焊缝两边相邻的热影响区，其中

(1) 对接接头焊缝两边检查区域不小于 5 mm；

(2) 角接接头焊缝两边检查区域不小于 3 mm。

六、检测条件

(1) 检测开始前，检测人员必须对被检部件及区域标识进行核查，以确保被检部件及区域准确无误；

(2) 所有被检区域应可达并便于检测人员实施检测，如需要，应搭设脚手架，拆除妨碍检测的物件；如确实存在不可达区域，则必须通过 QC 见证并拍照存证；

(3) 在进行检测工作前，应进行表面准备，以便最大可能发现要检测的缺陷。应尽可能去除所有妨碍真空罩气泡法检漏检测有效性及缺陷评定的障碍。所有受检表面必须清洁、脱脂、干燥，并且没有锈层、油污、水分冷凝等可能妨碍真空罩气泡泄漏检测和影响判断结果的任何物质。最终或中间阶段的焊缝表面(根部焊道或填充焊道)可以保持焊后状态；

(4) 在检测过程如果使用清洗剂，真空罩气泡泄漏检测不能在接近明火、焊接或燃烧的条件下实施；

(5) 环境温度和被检部位的温度应在 8～40 ℃之间；

(6) 照明可采用人工光或自然光。被检表面的照度不得小于 500 Lx。

七、检测设备

真空罩气泡泄漏检测的检测设备和耗材包括真空罩、机械泵、灵敏度校准试块、照度计、温度计、量尺、压力表、清洗剂或去离子水、发泡剂等，它们的型号和性能如下：

1. 真空罩

根据被检对象选用标准真空罩。真空室中的真空度不应小于 0.08 MPa，在个别情况下允许使用真空度不小于 0.06 MPa 的真空罩。

2. 灵敏度校准试块

在真空罩气泡泄漏检测开始之前和结束之后或检测条件变化时，应用灵敏度校准试块（WHB 型等）对真空罩气泡泄漏检测系统做灵敏度校验。试块应配备相应的合格证或鉴定报告。

3. 计量器具

检测中所使用的照度计（ST-85 型等）、温度计（UT301 A 型等）、量尺、压力表等必须在相应的计量有效期内。

4. 清洗剂或去离子水、发泡剂

清洗剂或去离子水、发泡剂中的有害化学成分不应超过标准或电站的相关规定。

5. 其他消耗品

检测使用的纸、布等消耗品材料，不应对受检对象产生不良影响。

八、检测技术

真空罩气泡泄漏检测工作采用人工操作。

1. 真空罩气泡泄漏检测原理

本方法的本质在于在真空室装置前，受检结构区段被发泡剂润湿，在真空室形成真空。在泄漏处生成气泡，气泡层或薄膜破裂，他们都能在真空室透明上部看得见。

2. 检测条件

（1）核对受检部件标识号、可达性及表面状况等现场条件；

（2）根据受检工件结构和焊接接头形式不同，真空室可以采用标准型或异型形式；

（3）对被检焊缝及照明工具分别用温度计和照度计进行测量，确保温度、照度在要求范围内，并记录相应数值；

（4）进行灵敏度校验，确保真空罩气泡泄漏检测的有效性。

九、检测实施

1. 预清洗

被检表面应先用清洗剂或去离子水进行清洗。使被检表面没有可能妨碍和影响判断结果的任何物质。

2. 施加发泡剂

使用涂刷法施加发泡剂。如果被检焊缝过长，可分段进行刷涂，但必须保证相互间有 100 mm 覆盖区。

3. 检测实施

（1）对受检部位进行预清理，施加发泡剂；

（2）在涂有发泡剂的受检区段固定好真空室（为保证可完全检测整个焊接接头，检测覆盖区域应大于 100 mm；

（3）在真空室建立 0.025～0.03 MPa 压力（表压：－0.075～－0.07 MPa），保压至少 10 s；

(4) 从施加起泡剂到检查时的时间不应超过 10 min。

4. 显示判定

(1) 当在真空室建立 0.025～0.03 MPa 压力时通过透明的真空室上部目视检查被检区段,并及时记录检测结果;

(2) 当观察到有连续气泡产生时,则表示此处有穿透性的泄漏,应标出气泡的位置;

(3) 显示的判定必须由持有Ⅱ级(或Ⅲ级)证书的人员进行实施。

5. 复检

当出现下列情况之一时,需进行复检:

(1) 发现检测过程中操作方法有误或技术条件改变时;

(2) 有争议或认为有必要时。

6. 最终清洗

检测完成后,被检表面残余的试剂必须去除干净。

十、记录和验收标准

对达到记录准则的所有显示应使用绘制草图等方式进行记录,并应注明显示的位置。

1. 记录准则

在被检测的区域内有连续和重复的气泡显示均应记录。

2. 验收标准

除相关法规、标准和(或)合同另有规定外,若未观察到被检测的区域有连续和重复的气泡,则可验收。

十一、检测报告要求

真空罩气泡泄漏检测报告必须包括以下信息:

(1) 检查类型;

(2) 报告号;

(3) 电厂名称;

(4) 机组号;

(5) 安全类别;

(6) 部件/环路名称(KKS);

(7) 工作大纲名称/编码/版次;

(8) 验收准则/版次;

(9) 检查工艺规程名称/编码/版次;

(10) 图纸号;

(11) 标定试块型号;

(12) 工艺卡编号;

(13) 区域/房间;

(14) 检测日期。

十二、附录

附录 A：真空罩气泡泄漏检测结果单，文中略。

附录 B：真空罩气泡泄漏检测报告单，文中略。

真空罩气泡泄漏检测工艺卡

<table>
<tr><td colspan="3" rowspan="4">适用检测项目：</td><td colspan="3">检测规程：真空罩气泡泄漏检测工艺规程☒</td></tr>
<tr><td colspan="3">规程编号：版次：</td></tr>
<tr><td colspan="2">执行标准：</td><td>补充标准：</td></tr>
<tr><td colspan="3">验收标准：</td></tr>
<tr><td colspan="3">材质：/</td><td colspan="3">规格：/</td></tr>
<tr><td>检测区域</td><td>焊缝＋焊缝两侧至少 5 mm</td><td>表面状况</td><td colspan="3">打磨□原始状态☒其它去除油漆、铁锈等☒</td></tr>
<tr><td>表面温度</td><td>8～40 ℃</td><td colspan="2">环境照明：≥500 Lx</td><td>灵敏度试块</td><td>WHB 型试块</td></tr>
<tr><td>检测方法</td><td colspan="5">真空罩气泡泄漏检测☒</td></tr>
<tr><td colspan="3">清洗剂</td><td colspan="3">发泡剂</td></tr>
<tr><td colspan="2">型号</td><td>HD-BX(H)</td><td colspan="2">型号</td><td>WJ-1</td></tr>
<tr><td colspan="2">去除方法</td><td>擦除、喷涂</td><td colspan="2">施加方法</td><td>刷涂</td></tr>
<tr><td>观察方式</td><td colspan="2">肉眼☒辅助工具☒</td><td colspan="2">缺陷记录方式</td><td>照片□复膜□草图☒</td></tr>
<tr><td>序号</td><td colspan="5">主要操作工艺规程及技术说明</td></tr>
<tr><td>1</td><td colspan="5">核实检测用工艺规程、相关文件和设备，被检区域的可达性和标识号。在以下几种情况下必须进行灵敏度标定：a）整个检测开始前；b）检测的条件发生了变化</td></tr>
<tr><td>2</td><td colspan="5">被检表面用清洗剂清洗并自然干燥，或使用干燥清洁、不起毛的布或纸擦干</td></tr>
<tr><td>3</td><td colspan="5">使用涂刷法施加发泡剂，如果被检焊缝过长，可分段进行刷涂，但必须保证相互间有 100 mm 覆盖区，在受检区段固定好真空室，检测覆盖区域应大于 100 mm，在真空室建立 0.025～0.03 MPa 压力（表压：－0.075～－0.07 MPa）并至少保压 10 s，从施加起泡剂到检查时的时间不应超过 10 min</td></tr>
<tr><td>4</td><td colspan="5">在真空室建立的同时应通过透明的真空室上部目视检查被检区段，当观察到有泄漏时，应标出泄漏的位置</td></tr>
<tr><td>5</td><td colspan="5">在被检测的区域内有连续和重复的气泡显示均应记录</td></tr>
<tr><td>6</td><td colspan="5">除相关法规、标准和（或）合同另有规定外，若未观察到被检测的区域有连续和重复的气泡，则可验收</td></tr>
<tr><td>7</td><td colspan="5">每天检测结束后，应做灵敏度校核</td></tr>
<tr><td>8</td><td colspan="5">检测完毕，被检区域残余的检测剂应尽快去除干净</td></tr>
</table>

第三节 氦质谱泄漏检测通用工艺规程和工艺卡

一、目的

本工艺规程规定了×××进行氦气检漏检测的人员资格、检测设备、检测条件、检测技术、记录和评定标准以及检测报告的内容和要求。

二、适用范围

本工艺规程适用于×××和管线进行氦气检漏检测。

三、适用规范、标准和文件

(1)《民用核安全设备无损检测人员资格管理规定》(HAF602);
(2) 相应的检测标准与规范。

四、检测人员资格

(1) 从事泄漏检测的人员应按照《民用核安全设备无损检测人员资格管理办法》(HAF602)的要求,取得并持有在有效期内的泄漏检测资格证书;

(2) 具有泄漏检测Ⅰ、Ⅱ、Ⅲ级资质的检测人员经授权后均可从事泄漏检测工作。但泄漏检测Ⅰ级人员不能单独从事泄漏检测工作,必须在泄漏检测Ⅱ级或Ⅲ级人员的监督和指导下从事泄漏检测工作;检测结果的评定和检测报告的编写、审核必须由具有泄漏检测Ⅱ级或Ⅲ级资格的人员担任。

五、被检对象和检测区域

被检对象为×××。

六、检测条件

(1) 涉及被检测的各个部件的技术文件(文件、图纸等)应是正确、有效的;

(2) 检查的前提条件是气压试验合格,空气进行预测试:用空气对系统加压,$P=2.5$ bar±0.1 bar(绝对值);

(3) 在加压 $t \geqslant 4$ 小时检查系统气密性,如果:

1) 压力变化值 $\Delta P \leqslant 50$ mbar,则密封合格,可以进行后续氦检漏试验;

2) 压力变化值 $\Delta P > 50$ mbar,则密封不合格,如果有大漏,用超声检漏仪及气泡法确定检测可能的泄漏点,同时采取措施,消除泄漏点,以满足气密封要求。检查合格后降压至大气压。

(4) 检查场地应有 2 处水源,水源压力应在 0.12~0.2 MPa 范围内;

(5) 检查场地至少应有 60 m^2 的设备存放区域;

(6) 检查场地 380 V 独立电源 2 处、220 V、16 A 电源 2~4 处;

(7) 检查场地应有充足的照明;

(8) 检查设备应可达,如果受检部位高度超过 2 m,应搭设符合安全规定的脚手架;

(9) 所有不能承受负压的仪表应隔离或拆除,仪表拆除后的设备接口应做可靠的密封处理;

(10) 所有被检表面应清洁,无影响检查的物质如油污锈蚀等;

(11) 检查场所应有良好的通风系统;

(12) 检测现场应远离强地磁场,并不得有剧烈的振动。

七、检测使用的设备和材料

1. 检查用设备

检查试验系统由辅助抽真空泵组、氦质谱检漏仪、真空阀门与真空管道系统、真空(压力)测量装置以及其他辅助系统等。

2. 检查耗材

检查耗材包括真空泥封、真空硅脂、真空泵用油、工业用氦气、工业用氮气、塑料袋、塑料布、布基胶带、丁腈(氟)橡胶板。

八、检测技术

1. 检测方法

对于大容器或系统进行检漏时,由于被检对象体积大(气量多)、表面积大(出气量大)、可能泄漏的漏点也可能较多(漏率大),若直接使用氦质谱检漏仪的抽气系统来抽气,可能长时间达不到状态,从而造成氦质谱检漏仪无法正常工作或其反应时间增长,难以实现检漏。因此,对于较大容器或系统检漏工作,需要使用专门的检漏系统。图 6-1 是一种典型的大容器真空法检漏系统。整个系统和管线进行氦气检漏的检测方法为真空氦罩法。

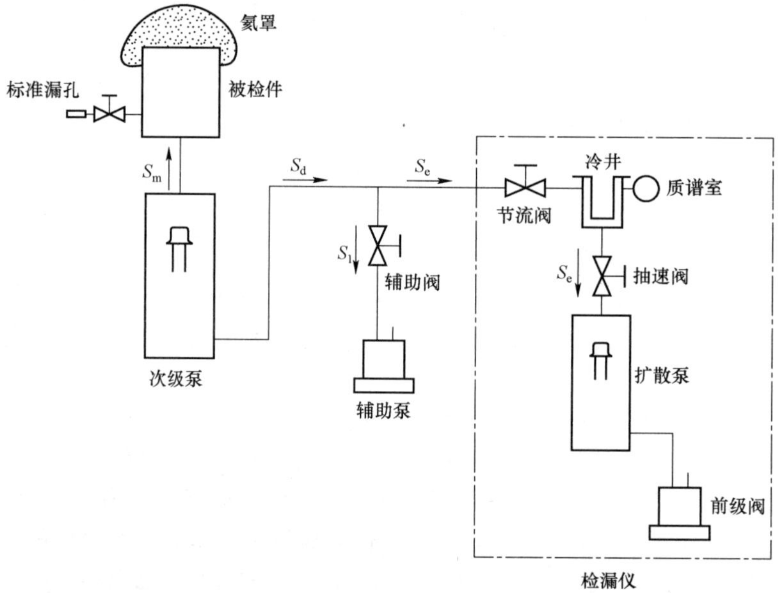

图 6-1 真空氦罩法检漏系统

2. 系统检测灵敏度校准

在实施检测前,检测期间和检测完成后均应使用已检定的校准漏孔对系统的检测灵敏度进行校准。系统检测灵敏度计算:

$$S_1 = M_0 Q/(M_1 - M_2) \tag{6-1}$$

式中:S_1——初始被检系统灵敏度;

Q——校准漏孔的漏率,($Pa \cdot m^3/s$);

M_1——校准漏孔向被检系统开启的读数;

M_2——本底读数;

M_0——系统噪声读数。

3. 检查系统功能测试

(1) 对 380 V 电源逐一试验相序,使电机旋转方向正常;

(2) 进行设备、仪表、量具单体性能试验;

(3) 核实现场水源水压、流量情况(以罗茨泵能正常工作为准);

(4) 连接设备进行检查系统性能试验;

(5) 填写功能试验报告,并提交。

4. 检测示踪气体

氦质谱检漏使用工业纯氦作为示踪气体。

5. 漏率计算

漏率计算:

$$Q=\gamma^{-1}Q_0\frac{I_2-I_1}{I_1-I_0} \tag{6-2}$$

式中:Q——被检部件漏孔的漏率;

Q_0——校准漏孔漏率;

I_0——质谱仪本底数值;

I_1——用校准漏孔校准时质谱仪的读数;

I_2——检测到被检部件漏孔时质谱仪的读数;

γ——氦气浓度。

6. 温度修正

温度对渗透漏孔漏率的影响是很大的,使用时必须对温度的影响进行修正。一般对温度的修正采用线性近似修正法,即:

$$Q=Q_{cal}[1+\alpha(T-T_{cal})] \tag{6-3}$$

式中:T——检测时的实际温度;

T_{cal}——标定时的温度;

Q——在使用 T 时的漏率;

Q_{cal}——在校准温度 T_{cal} 时的漏率;

α——线性温度系数,%/K 或%/℃。

α 是在校准温度范围内,利用漏率-温度曲线上按温度均布的数据,采用最小二乘法进行线性拟合计算而得到的。

7. 系统连接及设备安装

真空系统安装连接之前,要对所有的待装部件进行检查。检查真空管路、各种阀门、各种密封器件是否清洁、无油污且无异物存在。在装配连接各法兰盘时,应保证密封件的安装必须准确定位,连接法兰盘的各个螺栓拧紧时用力应均匀。对于密封面或螺纹可以涂抹少量真空脂,但不能将真空脂抹到管路内部。

8. 检测方式

本试验采用氦气真空法进行,检查方式由分试验和总试验两部分构成,试验时,被检系统内部压力应抽至 10 Pa 以下的真空,氦罩保持时间不得小于反应时间的 3 倍。

9. 观察和记录

整个检测过程通过检漏仪读数变化进行观察，如果发现可疑显示，应按照要求进行记录和分析。

九、检测实施

（1）核实被检对象的标识：氦检漏试验的实施应在确认受检对象的相关设备（阀门、管道、仪表、容器等）已安装就位的情况下进行。

（2）在进行泄漏试验前应使用阀门和盲板法兰确立被检回路的边界。为安全起见，要求位于这些阀门下游的回路应开放于大气中。

（3）隔离系统

除被检对象外，其他与被检对象相连接的管线应彻底隔离。同时，将不能隔离或不能承受真空条件的 LP、MP 和 SP 压力仪表卸下。有部分仪表带有二次阀，可将该阀作为试验边界。有部分仪表能承受真空条件（SN，ST 类仪表）不需拆除。对于其余仪表，为保护其不受损坏，将其拆除后加临时堵头作为试验边界拆除那些不能承受真空的仪表。

（4）对于止回阀，当抽气方向与其流向相反时应拆卸，抽取阀芯重新安装密封。

（5）核实现场情况并记录（环境、温度、湿度及照明等）。

（6）对被检对象内外（视检测需要）进行干燥处理；干燥处理可采用热空气干燥或氮气置换处理。

（7）检漏仪准备：调氦峰、标定检漏仪器灵敏度、记录相关数据等。

初始校准：初始的被检系统灵敏度

$$S_1 = \frac{Q}{M_1 - M_2} \tag{6-4}$$

式中：S_1——初始被检系统灵敏度；

Q——校准漏孔的漏率，（$Pa \cdot m^3/s$）；

M_1——校准漏孔向被检系统开启的读数；

M_2——本底读数。

（8）连接检查系统：检漏仪、真空泵组、真空波纹管线。连接方式分别按附录 3《试验系统连接示意图》进行。

（9）在被检容器的远端安装参考漏孔。

（10）在检漏车（真空泵组）近端安装复合真空计的真空规，监视真空泵组口的真空度；在被检容器的远端安装复合真空计的真空规，监视真容器内的真空度。

（11）对受检容器抽真空。

（12）用参考漏孔测定系统灵敏度、系统反映时间，并记录。

（13）在单体设备检漏时，对被检容器的重点关注部位充氦气，充氦时间至少为响应时间的 3 倍，充气以后进行检测，这个时间至少为 10 min。

（14）在单体设备检漏合格后，进行整体设备检漏时，首先将设备所在房间用塑料布进行密封处理（房间上面的排风口也要同时封闭）。然后在封闭的房间内依次施加氦气，进行检漏，检漏时间应大于反应时间。

（15）最终校验：

最终的被检系统灵敏度

$$S_2=Q/(M_1-M_3) \tag{6-5}$$

式中：S_2——最终被检系统灵敏度；

Q——校准漏孔的漏率，（$Pa\cdot m^3/s$）；

M_3——检测完后的本底读数；

M_4——检测完成后，校准漏孔再次向被检系统开启的读数。

（16）分析记录：

最终的被检系统灵敏度

$$Q_S=S_2/(M_5-M_2)/C \tag{6-6}$$

式中：Q_S——被检系统漏率（$Pa\cdot m^3/s$）；

S_2——最终被检系统灵敏度；

M_2——检测完后的本底读数；

M_5——检测时的读数；

C——检测时实际的氦浓度。

（17）编写报告；

（18）将试验对象恢复到大气压力；

（19）恢复现场。

十、记录和验收标准

1. 记录

（1）对于输出信号不发生改变的场合（即 $M_2=M_5$），被检系统漏率应记录为“小于被检系统最小可检漏率”和检测通过；

（2）对于输出信号 M_5 发生改变的场合（但输出信号尚在可检测范围内），被检系统漏率 Q_S 应按式（6-6）确定；

（3）对于输出信号（M_5）超过被检系统可检测范围的场合，被检系统漏率应记录为“大于被检系统可检测范围”和检测不合格。

2. 验收

验收要求：

（1）分试验的泄漏限值在表压 0.05 MPa（表压）下，泄漏率≤13.16×10^{-9} $Pa\cdot m^3/s$；

（2）总试验的泄漏限值在表压 0.05 MPa（表压）下，泄漏率≤5.26×10^{-6} $Pa\cdot m^3/s$。

十一、检测报告要求

检测结束，应编写试验综合报告。检测报告至少应包括氦检漏检测报告综述、氦检漏检测结果单、氦检漏检测报告单等内容。

试验报告的内容至少应当包括：

（1）检测类型；

（2）电站和机组；

（3）检测日期；

（4）检漏仪的型号；

（5）表面温度和表面状态；

（6）校准漏孔、标准漏孔、真空源和真空表；

（7）示踪气体及浓度；

（8）试验压力；

（9）保压时间；

（10）被检系统灵敏度；

（11）验收标准；

（12）人员资格。

对完成的所有检测，应当给出“检测结果单”。如果没有漏点被检测到，在其“结果”栏中填写“小于被检系统最小可检漏率”。

如果检测到达记录和验收标准的一个或多个漏点，应当建立“检测报告附页”，并作为原始数据进行比较分析。

十二、附录

附录：试验系统连接示意图

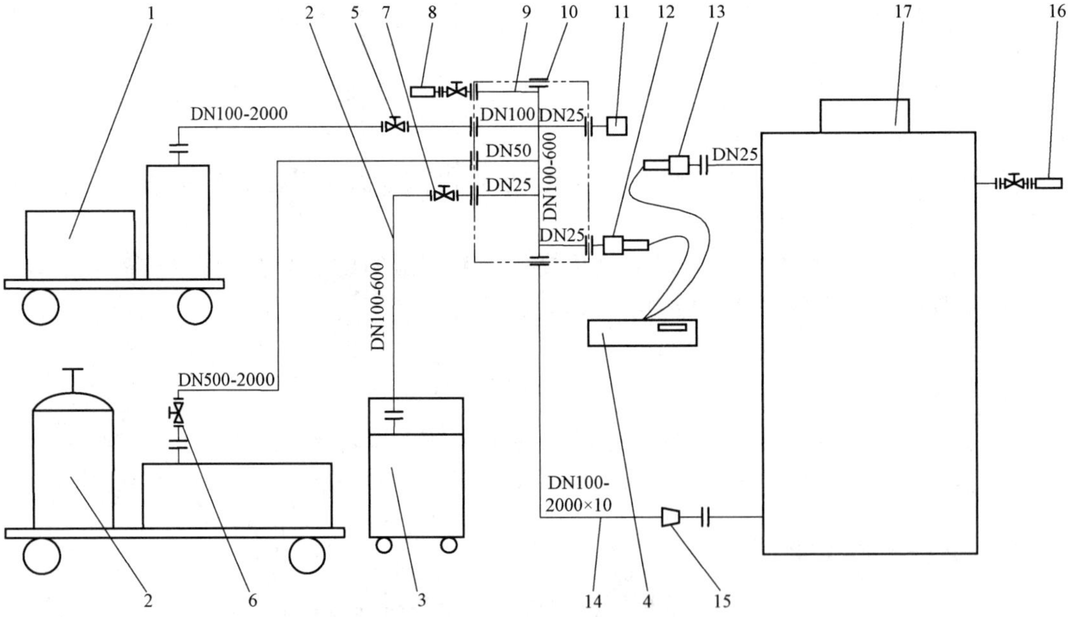

图 6-2　总试验系统连接示意图

1—罗茨泵组；2—水环泵组；3—质谱仪；4—真空计；5—真空碟阀；6—真空球阀；7—真空球阀；8—标准漏孔；9—检漏车；10—封盖；11—放气阀；12—真空规；13—真空规；14—主抽气管；15—接头适配器；16—参考漏孔；17—被检设备

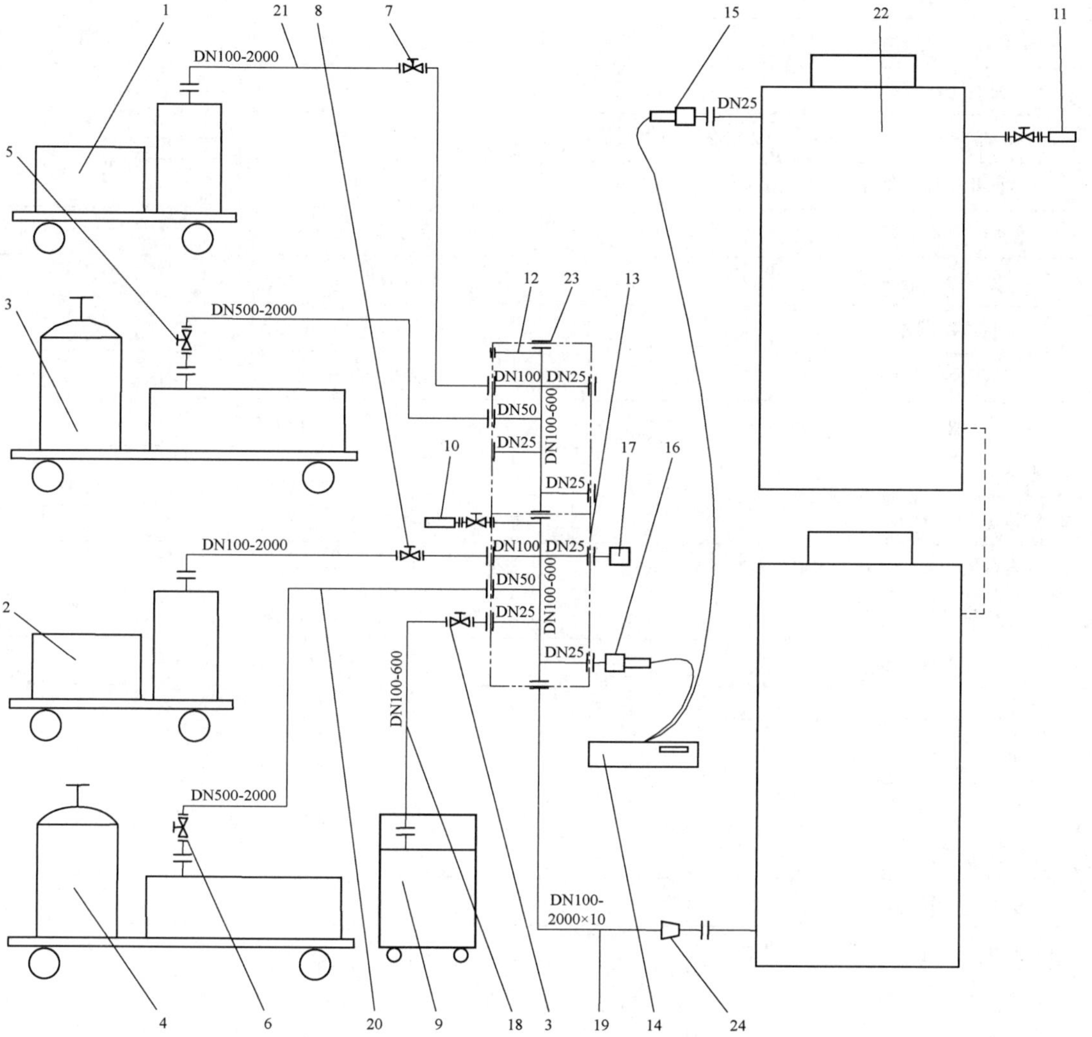

图 6-3　总试验系统连接示意图

1、2—罗茨泵组；3、4—水环泵组；5、6—真空球阀；7、8—真空碟阀；9—质谱仪；10—标准漏孔；11—参考漏孔；12、13—检漏车；14—真空计；15、16—真空规；17—放气阀；18—检漏管；19—主抽气管；20—真空波纹管（DN50）；21—真空波纹管（DN100）；22—被检系统；23—封盖；24—接头适配器

氦质谱泄漏检测通用工艺卡

氦质谱泄漏检测通用工艺卡			编号：
试件名称/编号		试件规格	
检漏仪型号		检漏仪编号	
标准漏孔型号/编号		标准漏孔标称漏率	
参考漏孔型号/编号		参考漏孔标称漏率	
检漏方法	真空法□ 吸枪法□	环境温度	
标准漏孔读数（仪器）		检漏口压力	
系统最小可检漏率		参考漏孔读数（系统）	
系统本底值		系统反应时间	
被检件压力			
检测执行标准		验收标准	

步骤	注意事项
1. 设备清点	通风、抽气
2. 清洁、干燥	照明
3. 仪器参数调整：氦峰、零点、本底、反应时间	安全措施
4. 系统连接	温度补偿
5. 检验前灵敏度校准	
6. 检验	
7. 复检	
8. 记录	
9. 检验后校准	
10. 清理、恢复	

检漏系统示意图：

	编　制	审　核	批　准
姓名/级别			
日　期			
签　名			

第四节　RCV 系统氦检漏试验工艺规程

一、目的

本工艺规程规定了压水堆核电厂 RCV 系统氦检漏试验的人员资格、检测设备、检测条件、检测技术、记录和评定标准以及检测报告的内容和要求。

二、适用范围

本工艺规程仅适用于压水堆核电厂 RCV 系统氦检漏试验工作。

三、适用规范、标准和文件

(1)《民用核安全设备无损检测人员资格管理规定》(HAF602)；
(2)《压水堆核岛机械设备设计和建造规则》(RCC-M，2000 年版及 2002 年补遗)；
(3)《×××RCV 系统手册》；
(4)《×××RCV 系统氦气泄漏试验技术规格书》；
(5)《×××1、2 号机组氦检漏试验隔离工艺规程》。

四、检测范围和区域

1. 检测对象

检测对象为压水堆核电厂 RCV 系统。

2. 检测范围

氦气泄漏试验作为最终的验收试验，仅针对气体部分进行，水位下方不包含在检测范围。

五、检测人员资格

(1) 所有检测人员应按照《民用核安全设备无损检测人员资格管理规定》(HAF602) 的泄漏检测要求，获得泄漏检测资格并在有效期内；
(2) 泄漏Ⅰ级人员应在Ⅱ级（或Ⅲ级）人员的指导下执行检查工作；
(3) 泄漏Ⅱ级（或Ⅲ级）人员有资格按照本工艺规程的要求独立执行检测工作，并可签发检测报告。

六、系统氦检漏试验先决条件

1. 通用要求

(1) 涉及被检测的各个部件的技术文件（文件、图纸等）应是正确、有效的；
(2) 氦检漏的前提条件是气密性试验合格。业主应提供气密性试验报告；
(3) 检查场地应有充足的照明；
(4) 受检设备应可达，如果受检部位高度超过 2 m，应搭设符合安全规定的脚手架；

(5) 所有被检系统表面应清洁，无影响检查的物质如油污锈蚀等，被检系统内部应干燥；

(6) 对被检对象内外（视检测需要）进行干燥处理；干燥处理可采用热空气干燥或氮气置换处理；

(7) 检查场所应有良好的通风系统；

(8) 检测现场应远离强磁场，并不得有剧烈的振动。

2. 隔离要求

(1) 核实被检对象的标识：氦检漏试验的实施应在确认受检对象的相关设备（阀门、管道、仪表、容器等）已安装就位的情况下进行；

(2) 核实边界阀门的隔离情况，并在现场悬挂阀门隔离牌，保证检查开始前边界阀门处于隔离状态。进行泄漏试验前应使用阀门和盲板法兰确立被检回路的边界。为安全起见，要求位于这些阀门以外的回路应开放于大气中；

(3) 除被检对象外，其他与被检对象相连接的管线应彻底隔离，同时，将不能隔离或不能承受正压条件的压力仪表卸下。有部分仪表如果带有二次阀，可将该阀作为试验边界。有部分仪表能承受正压条件不需拆除。对于其余仪表，为保护其不受损坏，将其拆除后加临时堵头作为试验边界；

(4) 对于止回阀，当充气方向与其流向相反应拆卸，抽取阀芯重新安装密封；

(5) 所有不能承受正压的仪表应隔离或拆除，仪表拆除后的设备接口应做可靠的密封处理。

七、检测设备与耗材

1. 检测设备

检查试验系统主要由氦质谱检漏仪组成，其中氦质谱仪的最小可检漏率高于 5×10^{-11} Pa·m³/s。相关测量仪器、仪表均应经过检定，并在检定周期内。检查设备详见表 6-1。

表 6-1 检测设备清单

序号	设备名称/规格	数量	备注
1	氦质谱仪/PHOENIXL300i	2 台	
2	标准漏孔/TL4-6	1 只	正压漏孔，多数量级可调
3	标准漏孔/LK-8	1 只	E-08 Pa·m³/s 23 ℃
4	标准漏孔/LK-9	1 只	E-09 Pa·m³/s 23 ℃
5	快速吸枪/QT-100	2 把	
6	快速吸枪辅助泵/QT-100	2 个	
7	氦气浓度表/COSMOS	3 只	

2. 检查耗材

检查耗材主要包括：真空封泥、真空硅脂、真空泵用油、工业用氦气、塑料布、塑料袋等。

八、检测技术

1. 检测方法

本试验采用充压吸枪法泄漏检测进行，由容积控制箱和双层管及其相关管线、阀门、仪表构成。

2. 检测步骤

(1) 连接检查系统：检漏仪、快速吸枪辅助泵、波纹管、快速吸枪。连接方式以各部件串联方式进行；

(2) 在被检容器的远端安装参考漏孔；

(3) 用参考漏孔测定系统灵敏度、系统反映时间，并记录；

(4) 检漏仪准备：调氦峰、标定检漏仪器灵敏度、记录相关数据等：

初始校准：初始的被检系统灵敏度

$$S_1 = M_0 Q/(M_1 \text{-} M_2) \tag{6-7}$$

式中：S_1——初始被检系统灵敏度；

Q——校准漏孔的漏率，(Pa · m^3/s)；

M_1——校准漏孔向被检系统开启的读数；

M_2——检测前的本底读数；

M_0——系统噪声读数。

(5) 在单体设备检漏时，用塑料袋将被检容器的重点关注部位包覆起来，并充氦气(塑料袋内氦浓度应被记录)，在氦气保持时间至少为响应时间的 3 倍以后进行检测，这个时间至少为 10 min；

(6) 最终校验

最终的被检系统灵敏度

$$S_2 = M_0 Q/(M_4 - M_3) \tag{6-8}$$

式中：S_2——最终被检系统灵敏度；

Q——校准漏孔的漏率，(Pa · m^3/s)；

M_3——检测完后的本底读数；

M_4——检测完成后，校准漏孔再次向被检系统开启的读数；

M_0——系统噪声读数。

(7) 分析记录

被检系统漏率

$$Q_S = S_2 (M_5 - M_2)/C \tag{6-9}$$

式中：Q_S——被检系统漏率 (Pa · m^3/s)；

S_2——最终被检系统灵敏度；

M_2——检测前的本底读数；

M_5——检测时的读数；

C——检测时实际的氦浓度，在单体设备检漏合格后，进行整体设备检漏，连接方式分别按附录2进行。

(8) 初始系统灵敏度，最终系统灵敏度、被检系统漏率由 S_1、S_2、Q_S 算出；

(9) 通知试验对象泄压，恢复到大气压力；

(10) 恢复现场；

(11) 编写报告。

九、检测实施

检测实施步骤详见图6-4检测实施步骤。

容积控制箱和双层管实验没有逻辑上的前后关系，考虑到双层管区域需保压的时间长于容积控制箱区域，一般建议先进行容积控制箱的氦检漏试验。

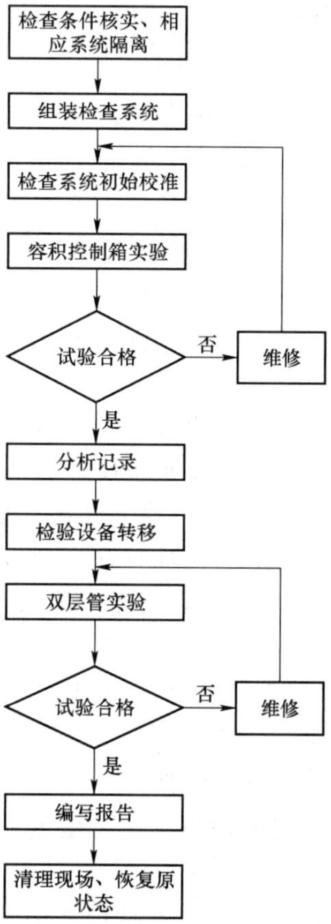

图6-4　检测实施步骤

十、记录及验收

1. 记录

(1) 对于输出信号不发生改变的场合（即 $M_2 = M_5$），被检系统漏率应记录为"小于被检系统最小可检漏率"和检测通过；

(2) 对于输出信号 M_5 发生改变的场合（但输出信号尚在可检测范围内），被检系统漏率 Q_s 应按式（6-6）确定；

(3) 对于输出信号（M_5）超过被检系统可检测范围的场合，被检系统漏率应记录为"大于被检系统可检测范围"和检测不合格。

2. 验收

验收要求：氦检漏试验的泄漏限值在表压0.05 MPa（表压）下，泄漏率≤6.58×10^{-8} cm^3 STP/s（氦气）。

十一、检测报告要求

检测结束，应编写试验综合报告。检测报告至少应包括氦检漏试验报告综述、氦检漏试验结果单、氦检漏试验报告等内容。

试验报告的内容至少应当包括：

(1) 检测类型；

(2) 电站和机组；

(3) 检测日期；

(4) 检漏仪的型号；

(5) 表面温度和表面状态；

(6) 校准漏孔、标准漏孔、真空源和真空表；

(7) 示踪气体及浓度；

(8) 试验压力；

(9) 保压时间；

(10) 被检系统灵敏度；

(11) 验收标准；

(12) 人员资格。

对完成的所有检测，应当给出“试验结果单”。如果没有漏点被检测到，在其“结果”栏中填写“小于被检系统最小可检漏率”。

如果检测到达到记录和验收标准的一个或多个漏点，应当建立“试验报告附页”，并作为原始数据进行比较分析。

第五节　渗透泄漏检测通用工艺规程和工艺卡

渗透泄漏检测通用工艺规程

一、目的

本规程规定了冲压成型板片渗透泄漏检测的检测范围、先决条件、检测设备、检测技术、记录验收准则和检测报告的内容及格式。

二、适用范围

本规程适用于冲压成型板片的渗透泄漏检测；

本规程适用于溶剂去除型着色渗透泄漏检测法或水洗型着色渗透泄漏检测法。

三、应用文件

压水堆核岛机械设备设计和建造规则（RCC-M2000＋2002 补遗）；

HAF602《民用核安全设备无损检测人员资格管理规定》。

四、检测人员资格

检测人员应符合工艺规程 HAF602《民用核安全设备无损检测人员资格管理规定》的规定；所有参加此项检测的人员必须经岗前培训并考试合格，并持有民用核安全设备无损检测人员资格鉴定考核委员会颁发的在有效期内的渗透泄漏检测人员技术资格证书；

LT-Ⅰ级人员可以进行检测操作，但必须在 LT-Ⅱ或 LT-Ⅲ级人员的监督指导下进行，LT-Ⅱ或 LT-Ⅲ级人员可进行检测操作、评定检测结果和出具检测报告。

五、受检对象及检测区域

冲压成型板片（总数量的抽检5%）100%表面。

六、先决条件

1. 核对标识号及可达性

检测人员在检测工作实施前应核对受检部件的标识号（编号）及被检区域的可达性。如不可达，应在检查报告中用示意图表示。

2. 表面准备

所有受检表面必须清洁、脱脂、干燥，并且没有可能堵塞缺陷表面开口或干扰检测进行的污垢、油脂、纤维屑、焊接飞溅物、油以及其他的任何物质。

3. 温度

被检件表面和选用试剂的温度，在渗透泄漏检测的整个过程中应保持在10～52 ℃之间。显像剂的干燥除可自然干燥外亦可使用鼓风机进行，但其压力应小于3×10^5 Pa，且空气必须无油。此时，受检表面温度不得超过52 ℃。

4. 照明

被检表面应有足够的亮度，可采用人工光或自然光，但不能使用钠蒸汽灯。被检表面的照度不得小于500 Lx。

5. 其他要求

检测区域附近禁止明火、施焊和任何燃烧物，并保持空气流通。

七、检测设备及标定

1. 照度计

使用的照度计应被校准，并在有效期内。

2. 温度计

使用的温度计应被校准，并在有效期内。

3. 照相机

在检测开始实施前，应对所使用的照相机进行功能试验以确保能正常使用。

4. 渗透标准试块

在渗透泄漏检测开始之前或检测条件变化以及更换渗透材料（包括不同牌号、批次等）时，应用渗透泄漏检测标准试块对渗透检测剂进行灵敏度校验。

5. 渗透检测剂

(1) 渗透剂

1) 特性

① 颜色鲜明、对比性较强；

② 低温（高于5 ℃）渗透性强；

2）要求提供的合格证

每批产品合格证应注明产品的特性或下述物项的最大含量：

① 氟化物＋氯化物≤200 ppm；

② 硫化物≤200 ppm。

（2）清洗剂

1）用法

用于渗透前的表面清洗、多余渗透剂的去除和最终清洗。

2）特点

① 对渗透剂有高溶解度；

② 挥发性好。

3）清洗剂要求提供的合格证

每批产品合格证应注明产品的特性或下述物项的最大含量。

① 氟化物＋氯化物≤200 ppm；

② 硫化物≤200 ppm。

（3）显像剂

1）特性

① 喷射性能良好，可形成一层均匀薄膜；

② 干燥速度快，甚至可用于低温（高于 0 ℃）时；

③ 显示明显。

2）要求提供的合格证

每批产品合格证应注明产品的特性或下述物项的最大含量：

① 氟化物＋氯化物≤200 ppm；

② 硫化物≤200 ppm。

6. 放大镜

检测使用的放大镜其放大倍率应不大于 6 倍。

7. 反光镜

检测使用的反光镜其镜面应平整光滑，并能真实、不变形的反映图像。

8. 量尺

使用合格的量尺进行测量。

9. 手电筒

为保证能有效识别缺陷，便携式手电筒等照明器具至少要有 500 Lx 的光照度，以保证在检测和评定指示时有足够的灵敏度。

10. 其他消耗品

检测使用的纸、布等消耗品材料，不应对受检对象产生不良影响。

八、检测技术检测步骤

1. 检测步骤

检测步骤必须按照图 6-5 以下步骤进行。

2. 检测技术

（1）核准检测条件

所适用的检测条件详见第 4，5，6 和 7 章节的描述。

在渗透泄漏检测开始之前或检测条件变化时，应用带有辐射状裂纹的渗透泄漏检测镀铬试块（B 型试块）对渗透检测剂进行灵敏度校验。

（2）预清洗

被检表面应先用清洗剂清洗和脱脂。表面可采用自然干燥，或使用干燥清洁、不起毛的布或吸水纸擦干。

（3）施加渗透剂

使用附录 1 中描述的渗透剂进行涂刷或喷涂。

渗透时间至少 20 min。在规定的温度范围和渗透时间内，被检表面的渗透剂应保持湿润状态。如果被检焊缝或区域过长，可分段进行渗透，但必须保证适当的覆盖区。

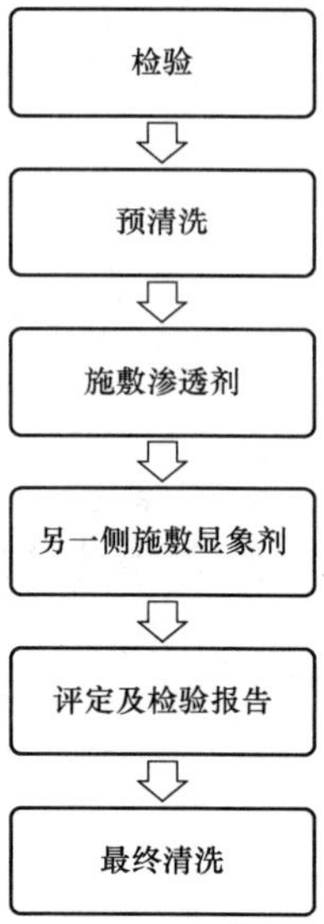

图 6-5 检测步骤

（4）施加显像剂

施加显像剂应在泄漏检测被检件的另一侧。使用喷雾罐均匀喷洒显像剂，涂敷厚度应适中。涂敷厚度不够时，可能不能吸出不连续的渗透剂；相反，涂敷厚度过大时，也可能掩盖显示。

喷雾罐在每次使用前必须充分摇晃，以使显像剂的浓度均匀，并进行试喷验证。

喷洒距离应能使显象剂形成一层均匀的薄膜。

（5）评定及检测报告

——由Ⅱ级、Ⅱ级以上检测人员完成评定和检测报告；

——显像剂干燥后，检测人员应仔细观察显示；

——在显像剂干燥后的 10～30 min 内进行评定；

——检测人员应尽快记录结果并填写检测报告。

（6）最终清洗

检测完毕，应尽快去除被检表面残余的试剂。

九、记录及验收准则

1. 相关显示和非相关显示

非相关显示不必记录和评定，对于不能确定的显示应重新检测加以验证，当确定显示痕迹为缺陷相关显示时，除了记录其位置、形状、大小外，还可根据需要选用照相、复膜、示意图等多种形式予以记录保存。

2. 记录准则

所有的线性显示和圆形显示。

3. 验收准则

不能接受任何的线性显示和圆形显示。

十、检测报告

1. 检测报告应包括以下信息内容：

(1) 受检部件或环路的名称；

(2) 被检件的标识及材质；

(3) 用于检测的文件说明；

(4) 检测时机；

(5) 表面准备的方法；

(6) 渗透剂的产品型号；

(7) 渗透时间；

(8) 显像剂的产品型号；

(9) 显像时间；

(10) 所用工艺规程编号及版本；

(11) 结果的评定，附上表明不可接受的显示位置和尺寸的示意图或照片；

(12) 检测人员的姓名、签字及其等级；

(13) 业主姓名及签字；

(14) 检测日期。

2. 结果单应包括以下信息内容：

(1) 机组号；

(2) 受检物项标识号；

(3) 直径或壁厚（若需要）；

(4) 检测类型；

(5) 检测日期；

(6) 结果；

(7) 检测报告的编号；

(8) 检测人员的姓名、签字及资格等级。

渗透泄漏检测工艺卡

	渗透泄漏检测工艺卡			工作票号：	
工艺卡编号					
系统/设备名称			代码		
检测区域/焊缝编号				材质	不锈钢
检测规程编号		版次	A	验收标准	
表面温度	10～50 ℃	环境照明：>350 Lx		灵敏度试块	B 型试块
表面状况	打磨□原始状态☑其它□				
检测方法	着色□荧光□	渗透剂类型	溶剂去除型☑水洗型□		
有害元素含量控制 R		有害元素含量（ppm） F<100 CL<100 S<200			
渗透剂		清洗剂		显像剂	
型号	HD-RS（H）	型号	HD-BX（H）	型号	HD-XS（H）
施加方法	刷涂	去除方法	擦除	施加方法	喷洒
渗透时间	>10 分钟			显像时间	>10 分钟
观察方式	肉眼□辅助工具☑		缺陷记录方式	照片□草图☑	
序号	主要操作工艺规程及技术说明				
1	核实被检对象				
2	预清洗：去除被检测表面污垢及油渍等				
3	干燥：被检测表面遗留的溶剂、水分必须干燥				
4	渗透：在整个渗透时间内被检表面必须保持润湿				
5	去除：在充分去除时，必须保证防止过清洗				
6	干燥：被检表面温度不得大于 50 ℃；使用溶剂清洗时，不得加热干燥				
7	显像：施加显像剂前，显像剂必须充分摇匀				
8	观察及判断：观察应在施加显像剂 10～30 min 内进行				
	姓名		级别		日期
编制					
审核					

第六节 声发射泄漏检测通用工艺规程

一、目的

本工艺规程规定了××核电厂××号机组压水堆核电厂一回路役前水压试验期间声发射（泄漏）检测人员资格、被检对象和检测区域、检测设备、检测技术、记录和验收标准及检测报告的要求。

二、适用范围

本工艺规程适用于××核电厂××号机组压水堆核电厂一回路役前水压试验期间的声

发射（泄漏）检测。

三、适用规范、标准

(1)《民用核安全设备无损检测人员资格管理规定》（HAF602)；

(2)《压水堆核岛机械设备设计和建造规则》（RCC-M，2000 年版及 2002 年补遗)；

(3) ×××。

四、检测人员资格

(1) 参加此项检测工作的人员应按照《民用核安全设备无损检测人员资格管理规定》（HAF602）的要求，取得泄漏检测资格证书，并经国家核安全局核准；

(2) 具有上述Ⅰ、Ⅱ、Ⅲ级资质的检测人员经授权后均可从事此项检测工作，但Ⅰ级人员不能单独从事此项检测工作，必须在Ⅱ级或Ⅲ级人员的监督和指导下从事此项检测工作；检测结果的评定、显示的解释和检测报告的编写、审核必须由具有Ⅱ级或Ⅲ级资格的人员担任。

五、被检对象和检测区域

被检对象为××核电厂××号机组压水堆核电厂一回路役前水压试验期间，部分一回路主设备不易接近区域或辐射计量率比较高区域的焊缝。采用声发射技术监测泄漏的区域、设备和焊缝较多，具体的检测区域可以划分为下列 4 个：

1. 反应堆压力容器上封头区

为监测此区域设备和焊缝的泄漏，将使用 6 只声发射检测探头和 1 只校核探头，它们将布置在上封头圆形顶盖与法兰的焊缝和排气管支撑物之间的半球形顶盖上；

2. 反应堆压力容器底封头区

为监测此区域的泄漏，使用 4 只声发射检测探头和 1 只校核探头，通常将它们从热屏蔽档板上留有的 4 个互成 90°角的可打开的窗口伸入，垂直向上固定到底封头上；

3. 堆芯仪表小室区

此区一般采用 2 个声发射检测探头和 1 只校核探头监测。探头通常固定在焊有 50 根导管并将仪表小室与反应堆堆坑隔开的钢板的内侧；

4. 稳压器底封头区

此区一般采用 4 只声发射检测探头和 1 只校核探头，并固定在底封头与筒体环焊缝和底封头与支撑裙焊缝之间的区域。为了分析判断泄漏源位置，在稳压器上封头靠近人孔处专门安装了 1 只声发射检测探头，以便判定是由稳压器上部区域产生的泄漏噪声还是由稳压器底封头区域加热器贯穿件焊缝产生的泄漏噪声。

以上所述的 4 个校核探头采用宽频带噪声信号发生器驱动，由此产生与泄漏信号相类似的信号，以便评价和校核布置在 4 个区域中每一只声发射检测探头的耦合质量和监测系统的工作是否正常。

六、检测条件

(1) 受检测设备和部件的布置图及装配图应由业主事先提供，以便探头的布置和安装；

（2）电厂应当为声泄漏监测工作集装箱提供交流三相 380 V（50 Hz，每相≥20 A）电源和 1 根保护地线，接地电阻≤2 Ω；

（3）受检区域应当可达，以方便声发射泄漏检测人员安装、拆卸探头和信号电缆；

（4）受检区域安装探头处的表面脏物，绝热层和其它声衰减材料应当清除和移走；

（5）从水压试验声泄漏监测正式开始到结束，主泵应当停止运行。所有会影响声泄漏监测工作的噪声干扰源都应当清除；

（6）电厂应当提供干燥清洁的气源用于探头标定；

（7）在役检查期间，被检测设备的壁温应当低于 80 ℃，设备附近最高辐射剂量率大约为 50 雷姆/小时；

（8）提供通讯装置（电话），以便负责声发射泄漏监测的人员与负责水压试验的人员之间及时联系；

（9）在整个水压试验期间，负责水压试验的人员与负责声发射泄漏监测人员之间，需要相互配合，密切合作；

（10）水压试验控制室应将水压试验期间压力随时间的变化记录提供给声发射泄漏监测人员，以便编写检测报告和对结果进行分析。

七、检测使用的设备和材料

1. 声泄漏监测系统

美国物理声学公司（PAC 公司）生产的 5600/5610 系列 32 通道声泄漏检测系统来实施此项泄漏监测。此声泄漏检测系统由微型计算机控制，能够以 10 通道/秒的扫查速率依次监测和采集从 1 通道到 32 通道的声发射泄漏信号。这些信号在通过各通道的前置放大器、滤波器、主放大器、RMS 转换器之后，再经 A/D 转换器转换和计算机处理，最后得到监测的图形显示和打印输出。当一个泄漏信号被检测到，并且达到或超过报警阈值时，此系统将以声音和闪光两种方式给出报警，同时给出报警通道等显示，如有必要可以打印出显示结果，帮助检查人员粗略地定出泄漏位置。系统组成方框详见图 6-6 所示。

2. 探头固定设备

探头固定设备采用比较轻的材料制造，以方便安装和拆卸。这种设备能够很快地将声发射探头牢固地固定在受检设备外壁上，使检测人员尽可能少地受到辐射损伤。

3. 声发射探头和声泄漏检测系统的标定装置

声发射探头和声泄漏检测系统必须利用该标定装置标定好之后，方可用于泄漏检测。标定装置详见图 6-7。

4. 声泄漏检测设备清单

（1）一台 5600/5610 系列 32 通道声泄漏监测装置，含 32 个主放大器和 32 个 RMS 转换器模块；

（2）一台微型计算机，用于扫查、分析、显示和打印输出数据；

（3）32 个 R6 型声发射探头，它们可耐 110 ℃高温，主谐振频率>50 kHz；

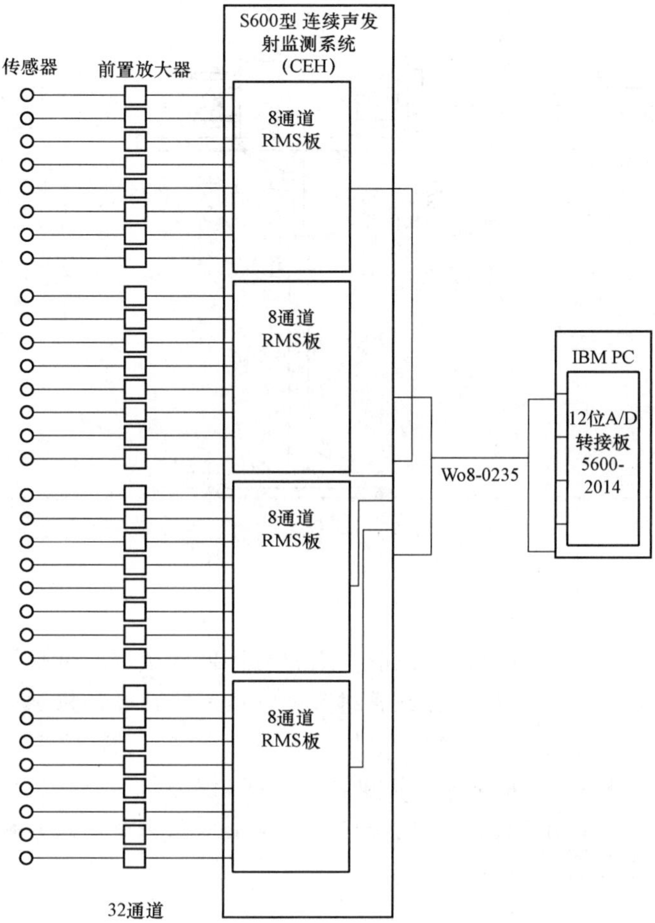

图 6-6 系统组成方框

(4) 28 台带有带通滤波器的前置放大器，放大器增益有 40 dB 和 60 dB 两种，由开关选择；

(5) 52 根 80 米长的高频信号电缆；

(6) 32 个磁性探头固定设备，以便快速安装和拆卸探头；

(7) 1 套探头和整个监测系统的标定设备，包括 1 个氮气瓶或 1 台空气压缩机，1 个减压阀；

(8) 各种尺寸的喷嘴，2 个试验试块，1 块钢板，1 台谱分析器和 1 台打印机；

(9) 1 台宽频带噪声信号发生器（HP3325B 型或相当型）；

(10) 1 台 HP3585B 型谱分析仪（或相当型谱分析仪）；

(11) 1 台可与谱分析仪配接的图形打印机或描图仪；

(12) VC-101 声耦合（高真空油脂），耦合介质中卤素和硫元素的含量应分别不大于 200 ppm，而且能耐水压试验期间的温度；

(13) 用于反应堆压力容器底封头区探头安装的专用长杆工具。

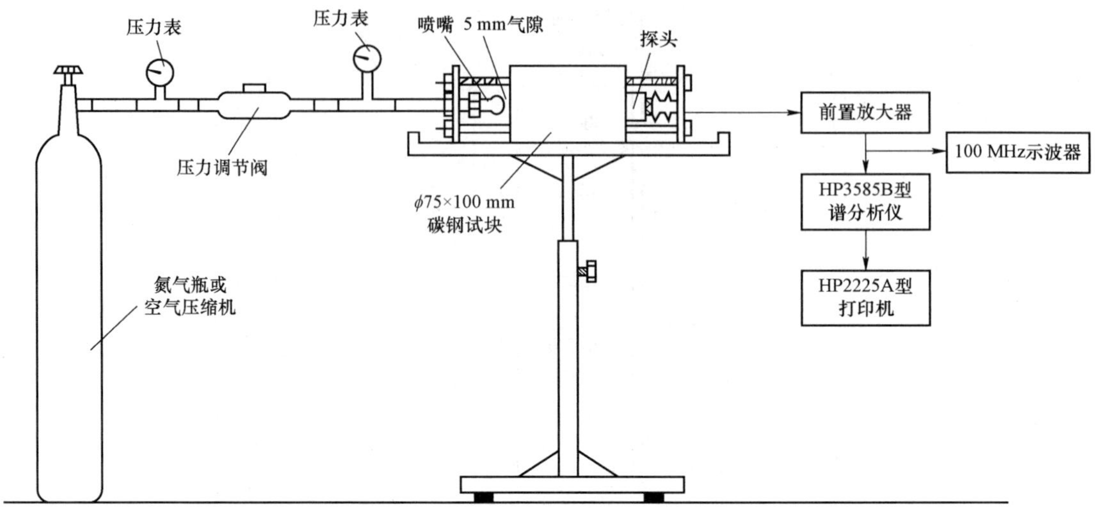

图 6-7 标定装置

5. 目视检查设备

如果声发射泄漏检测系统检测到泄漏，需要对怀疑区域进行目视检测，以确定泄漏源的位置。在役检查时，反应堆压力容器底封头区剂量率非常高，特别是通量测量指套管向下抽出堆芯期间，为了避免放射性辐射对检测人员的伤害，此区需要使用电视检查系统进行间接目视检测。一般在水压试验之前和之后（即指套管抽出堆芯之前和回插入堆芯之后）分别对此区进行一次电视检测。电视检查系统由摄像头及其俯仰和旋转机构、控制云台、电缆、监视器、录像机组成。

八、检测技术

1. 声泄漏检测系统标定

声泄漏监测系统应按照下列步骤和要求进行标定和重新标定，以确保监测系统稳定可靠的工作。

（1）水压试验之前在实验室里的标定

1）声发射探头的频率—灵敏度曲线测量（按美国 ASTME976—94 标准）；

2）采用宽频带噪声信号源测量声发射泄漏探头的频率－灵敏度曲线；

3）声泄漏检测系统的标定。

（2）在受检区域的标定

这种标定应在主回路系统充满水、反应堆冷却剂主泵停止运转、没有任何系统投入运行、所有噪声干扰源都被清除之后进行。

1）耦合质量的检查和校正，灵敏度的鉴别和测量；

2）本底噪声电平的测量。

在保证主回路系统充满水和没有加压、主泵停止运转、所有的噪声干扰被排除之后，所有通道的 RMS 电平就是本底噪声电平，将其送给计算机打印出来。

根据测量的本底噪声 RMS 电平，设置所有通道的高报警电平阈值高于本底噪声电平

3 dB，低报警电平阈值等于本底噪声电平的一半。在水压试验期间将对本底噪声电平实施监测。

2. 灵敏度的校核

灵敏度的校核确认监测期间所有检测探头的耦合状态是否良好和稳定，确认所有通道的灵敏度变化是否处于可允许状态。

灵敏度的校核应在泄漏监测正式开始之时进行一次，之后每隔 12 小时和在监测结束之时再进行一次。

比较校核的结果，如果发现某通道的耦合质量变差或灵敏度下降大于 3 dB，则必须对校核失效的通道予以研究，并根据需要或改善这一通道的耦合状况，或进行其他适当调整，必要时更换这一通道的探头或前置放大器等设备。在调整和更换设备之后，此通道必须重新标定。

3. 检测要求

（1）检测前准备

1）声泄漏监测所使用的工作集装箱应尽可能靠近核岛 0 m 设备闸门和专门的贯穿孔处因为电缆长度≤160 m；

2）将 380 V，50 Hz，20 A 电源和保护地线（接地电阻＜2 Ω）引到工作集装箱；

3）检查确认监测设备是否在校验或测试有效期内，并进行系统现场功能试验，确保声泄漏监测系统工作正常。如果发现异常，应尽快调试维修好；

4）根据同一个监测区域几个通道的相对灵敏度最大输出偏差不大于±3 dB 的原则，配置好各个监测区域的探头、前置放大器和信号电缆；

5）按顺序给各通道所用的探头、前置放大器、探头固定设备和同轴信号电缆作标识；

6）检查通讯装置，确保负责声发射泄漏监测的人员与负责水压试验的人员之间联系畅通；

7）在水压试验开始之前，将配置好的探头、前置放大器和信号电缆安装到受检的几个区域；连接好整套声泄漏监测系统；测量每一通道的本底噪声电平，设置高低报警电平阈值；进行非正式监测，确保声泄漏监测系统处于可随时投入监测工作的状态。

（2）声泄漏监测

1）当主回路系统压力升至规定的监测压力（通常为 172 bars）并稳定之后，声泄漏监测就将正式开始。此时，应首先设置好泄漏监测文件名；测量每一通道的本底噪声电平，按照规定设置高低报警电平阈值；重新标定系统；将声泄漏监测系统的有关参数（如通道数、主放大器增益、报警阈值、响应时间和重新标定数据等）存入计算机硬盘或软盘此文件名下。

2）在监测期间，每个通道将由声泄漏监测系统以一定的速度被扫查，扫查速度大于 10 次/分钟。采集数据将存入计算机软盘或硬盘，供事后读取和分析。仅仅在某一通道的 RMS 电平发生异常，或发生报警，或有需要时，才将监测结果显示和打印出来。在整个监测期间，监测将以这种方式进行，一直到结束。

3）在整个监测阶段（通常规定压力从升压阶段的 172 bars 平台开始，到升压和稳压至更高压力平台，再到压力降至 172 bars 平台结束），应特别注意监测本底噪声电平信号的变化，并注意环境噪声干扰信号与泄漏信号的识别。

4）如果监测期间发生了报警信号，显示图（包括泄漏位置、报警时间、通道号等参数）应由计算机分析、显示和打印，并对可疑区域进行目视检测，以确定是环境噪声干扰信号还是泄漏信号。

5）在监测期间，除声泄漏监测正式开始时对系统进行的重新标定之外，每隔 12 h 和在检测结束时，还应对系统进行重新标定，并储存和打印出标定结果。

4. 记录要求

检测过程中，应该记录以下特征参数：

（1）本底噪声；

（2）持续超过报警阈值的信号；

（3）压力变化的时间和压力。

5. 检测结果的分析

在声泄漏监测期间，由于探头到泄漏源的距离不同，压力和其它环境条件不同，泄漏裂隙的形状也千差万别等原因，因此，由一探头测得的泄漏信号与泄漏量的大小没有简单的直接关系。泄漏只能相对于测量的本底噪声电平而言。

由于高报警电平阈值比本底噪声电平高 3 dB，因此高报警电平阈值就是可监测的最小泄漏的限值，本底噪声电平越小，可测量的泄漏量越小。RMS 值是泄漏监测的特征参数，RMS 值越高，泄漏越严重。研究证明：泄漏信号的电平值（RMS）正比于泄漏速率的平方根。泄漏的相对量可以通过测量泄漏信号的 RMS 值而大致确定。

此泄漏监测系统利用泄漏信号的特点，通过参数设置，能够识别泄漏信号和环境噪声干扰信号。根据报警信号的 RMS 电平大小和通道号，可以粗略地判定泄漏源的位置和泄漏量的相对大小。

九、检测实施

在检测实施前，核实现场条件，如受检区域保温层是否拆除、是否可达、现场环境剂量和温度检测等；现场检测条件符合要求后，开始检测设备准备，包括声发射探头、前置放大器、同轴信号电缆、探头磁性固定设备、耦合剂、其他必要的消耗用品等的准备及其在各监测区域的设备布置和安装；然后，开始声泄漏监测系统调试、参数设置、标定和非正式监测；当主回路压力升至监测压力时，开始正式监测，进行数据采集；数据分析；数据记录；当发现有泄漏信号显示时，需附加目视检测，以便确定发生泄漏的实际位置；监测结束前需进行结束标定；然后撤出各监测区域的设备，并对现场进行必要的清理，最后完成检测报告编写。检测实施详见图 6-8 按以下操作步骤流程图进行：

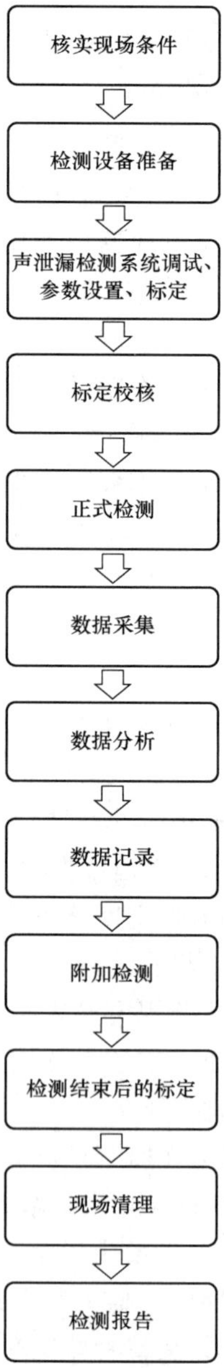

图 6-8 操作步骤流程图

十、记录和验收标准

1. 记录标准

持续大于本底噪声 3 dB 以上的特征信号必须记录。整个监测期间几个压力平台下的本底噪声电平都应记录，连续监测的结果也应记录。

2. 验收标准

对于监测到的信号与泄漏的大小，两者之间没有定量的关系。当监测到一个泄漏特征信号后，需要采用目视和电视检查的方式进行确认。

十一、验报告要求

检测报告应当包括：

（1）检查类型、电站和机组；

（2）检测区域的描述（即：名称、材料、尺寸大小）；

（3）检查日期、检查人员的名称与资格等；

（4）检测方法、声泄漏检测系统的示意图和模件及主要模件的参数、探头的布置图；

（5）在水压试验之前标定过的探头的频率-灵敏度曲线，标定好的输出信号图、水压试验前的本底噪声电平以及各通道的报警阈值；

（6）水压试验期间记录的压力曲线；

（7）通过对结果的分析，泄漏大小和位置应当粗略地确定，并且与由目视检测人员检测得到的实际泄漏进行比较。

思考题

1. 编写规程的基本要求？

2. 编写工艺卡必须说明的要点是什么？

第七章　泄漏检测新技术、新知识和新工艺

第一节　红外线热成像泄漏检测

红外线热成像泄漏检测技术是近 10—20 年间发展起来的新泄漏检测技术，由于它具有非接触、无损坏；经济、准确、效率高；既适用于局部区域，又适用于大区域，对周围环境无影响等优点，所以在某些特定的泄漏检测领域，得到了比较多的推广和应用。

红外线热成像泄漏检测技术已成功地应用于水管、下水管、蒸汽管、石油管道、化学制品及各种气体的管道和存储设备的泄漏检测中，并证明了这种泄漏检测技术是准确、经济、有效的。另外，热成像泄漏检测技术还可以检测到地下管道周围土壤的空洞位置和受侵蚀区域。目前有三种红外线热成像技术应用于泄漏检测，即红外线辐射成像泄漏检测技术、红外线吸收泄漏检测技术和红外线光声泄漏检测技术。

一、红外线辐射成像泄漏检测技术

任何物体都不会是绝对零度，都会发出红外辐射。被检测工件存在泄漏时，泄漏点周围温度发生变化，破坏正常工况下的温度场分布，泄漏点向外辐射红外线能量与其他部位存在差异。使用红外检测仪器进行拍摄时，图像就可以显示出热异常，通过计算机处理拍摄到的热异常图形，提取故障特征量，再利用模式识别技术来确定故障的类型，就可以判定被检测工件是否存在泄漏和漏率的大小。

红外线辐射成像泄漏检测技术已经广泛地应用于各种地下管道（如地下供水管道，地下污水管道，地下天然气管道，地下热水管道，地下蒸汽管道，地下油冷电缆，地下石油管道，地下储油罐）与地面管道（如地面上的化学管道）的泄漏检测中，并取得了较好的效果。

二、红外线吸收法泄漏检测技术

由红外线发射器发出的特定频率的红外线照射到被检区域，并用红外照相机进行照相，由于泄漏物质吸收了可产生显像的红外线能量，查找图像中有异常的地方即为有泄漏的部位。

红外线吸收法泄漏检测技术即反向散射/气体吸收成像（BAGI）技术，是 20 世纪 80 年代后期发明的，它是利用将正常不可见的泄漏气体变成在标准视频显示器上可见的气体的方法去查找泄漏位置的。泄漏气体的图像使泄漏检测人员能够迅速地确定泄漏的位置，但不能测定泄漏气体的浓度值。

由红外激光发射器发出的特定频率的红外线照射到被检区域，并用红外照相机对较小的和中等大小的面积进行照相，由于泄漏物质吸收了可产生显像的红外线能量，使得泄漏部位的正常不可见的气体变为黑色或缺失的图像并显现在标准电视监视器上。查找图像中

的黑色或缺失的地方即为有泄漏的部位。红外线吸收泄漏检测时，可调激光器必须与红外线热成像仪协调一致；还要将激光器调整到发射一个能被测试气体吸收的红外辐射线的特殊频率，才能保证泄漏检测的正常进行。

红外线吸收法泄漏检测技术应用的检测仪器由一台可调的红外激光器和一台红外线热成像仪器组成。典型的是将成像仪的镜片和激光器用光学系统结合成一个部件，该部件能够将红外激光射线发射到指定的区域并接收反射激光的能量。

美国航天飞机主发动机 SSME 和德尔它 2 发动机 RS-27 曾经使用此法作为发动机在试验台试车的实时泄漏故障自动检测。在生产过程对发动机喷管的泄漏检测，也使用了红外线吸收泄漏检测技术。

红外线吸收泄漏检测技术还应用于各种管道、容器的泄漏检测，并取得了较好的效果。

三、红外线光声泄漏检测技术

它是基于利用可调谐激光去激励泄漏出来的测试气体，被激励的泄漏出来的测试气体会发射出特殊的声信号，被旁边安置的麦克风接收。从接收的信号可以确定泄漏的准确位置。

光声的效果是亚历山大·葛兰姆·贝尔于 1880 年第一个观察到的。他发现：无论何时气体都吸收射线。被气体吸收的射线能量会使气体因瞬时被加热而快速膨胀，局部的温度和压力发生变化，发出特殊的声波信号，如果能量足够大，产生的压力波或声波就可以被麦克风探测到。

泄漏气体吸收激光能量的大小决定了发出声音的大小。吸收激光能量的大小由被激光束照射的气体数量和浓度来定。如果泄漏羽烟大过激光束覆盖区，则气体的浓度和激光束的直径决定了被照射气体的数量。如果泄漏羽烟比激光束的直径小，则泄漏羽烟的尺寸决定了吸收量。从泄漏点逃逸的气体和周围空气的混合决定被照射气体的气体浓度。此外，如果激光射线被漏孔附近的物体表面反射，则一些射线可能反过来穿过泄漏羽烟，从而造成吸收能量的增加。在这种模式，激光器被调整到发射一个能被测试气体吸收的红外辐射线的特殊频率，然后，用激光扫描需检测的区域。

红外线光声泄漏检测技术应用的泄漏检测仪器包括一部以线性方式扫描的二氧化碳激光器和一个麦克风。测试时，通过激光束扫描方式使被检产品得以被完整地照射；麦克风安置在产品的某一区域，用于接收有关的光声信号。

测试被检产品时，被检产品中被加压注入某种气体，如六氟化硫，它具有强烈吸收由二氧化碳激光器产生的红外射线的能力。如果被检产品上有一个漏孔，当对产品进行直线扫描时，那些泄漏出来的气体将会吸收激光射线，被气体吸收的激光能量会产生一个声音向四面八方传播，而这个声音的频率对应于激光束的扫描速率。这种周期性的声音发射被麦克风探测（捕捉）到并经过采用同步探测技术的电子线路处理，产生一个漏孔指示信号。

在扫描图形内的激光束的位置信息与信号处理装置相结合，探头光束的位置可以精确定位漏孔的位置。声音发射量的大小可以用来测量漏率数值。

大规模生产装配线上的空调热传输盘管的泄漏检测，使用了红外线光声泄漏检测。在被测试的盘管中加压注入六氟化硫气体。当探测激光束经过泄漏点时，引起漏出的示踪气体发出特殊的声音，这个声音会被测试系统中的一个或多个麦克风探测到。这种技术使得全自动泄漏检测和定位成为可能。

美国某泄漏检测公司还将这一技术使用在圆柱形铝容器的泄漏检测，铝容器上下移动，激光束通过棱镜对铝容器快速扫描，不但可以快速检测出漏孔位置和漏率大小，而且它的灵敏度与氦质谱泄漏检测相似。

第二节 光学泄漏检测方法

对某些封闭的小型被检件（如集成电路），可以使用光学泄漏检测方法进行泄漏检测。

将被检元器件放入密封实验箱，把光学干涉仪调整到能观测封装的盖帽。然后将实验箱抽真空，同时用光学干涉仪观测抽真空前后，盖帽是否变形。在视野内，同时观测每一只封装的盖帽是否随压力变化而变化。在减小的压力下保持时间 t_1，其盖帽有无继续变形。如果开始时随着实验箱压力改变，未检测到盖帽变形，或在实验箱压力保持恒定的情况下，检测到盖帽变形，则器件有漏不合格。

按上述方法泄漏检测合格的被检件，再对实验箱用氦气加压，压力不大于 2×10^5 Pa。然后用光学干涉仪在时间 t_2 观测其盖帽是否变形。若有变形，则器件泄漏检测不合格，应该拒收。经过氦气加压的泄漏检测过程，可以检测到更小的漏孔。

该方法只适用于薄形盖帽封装（一般金属盖帽的厚度小于 0.6 mm）的被检件。泄漏检测灵敏度与盖帽变形的程度有关，即与盖帽的材料种类、几何尺寸有关。

该方法的优点是，泄漏检测时不需要直接接触被检件，已经装配焊接在线路板或仪器上的电子元器件，可以使用该方法在不拆卸元器件的状态下进行泄漏检测。

该方法就是激光全息干涉检测技术在泄漏检测中的具体应用。泄漏检测中的抽真空与氦气加压就是对被检件的加载过程。

第三节 气敏半导体泄漏检测

半导体材料中，某些“非化学配比”的金属氧化物半导体，在一定工作温度下，材料的电阻受环境气体成分、浓度的不同，会上升或下降，对氢气特别敏感。这类材料叫作气敏半导体或气敏电阻，利用它可以制成气敏半导体泄漏检测仪（或者叫氢气泄漏检测仪），对氢气进行泄漏检测。

第四节 脉冲超声波泄漏检测法

这种方法不是利用气体通过漏孔产生超声波信号来实现泄漏检测的，而是利用高频脉冲电路产生的高频电压（1.6～5 MHz）加在脉冲超声波检测仪的换能器（接触探头）的压电晶片上发射的脉冲超声波在器壁内传播，当超声波遇到漏孔时，超声波能量的一部分与漏孔端部相互作用，在相当大的角度范围内进行散射，产生较强的脉冲超声回波信号，被探头接收，并转变成高频脉冲电压输入到仪器的接收示波管的垂直偏转板上。在荧光屏的纵坐标上显示出来，移动探头使脉冲超声波束射到漏孔的各个部位，根据漏孔进口、出口及漏孔中部的脉冲超声回波信号大小和动态波形可以间接测出漏孔的漏率来。用此法曾较好地解决了大容器（1000 m^3）的泄漏检测问题，检出最小漏率为 10^{-7} Pa・m^3/s。

思考题

1. 红外泄漏检测有哪些优点？

2. 光学泄漏检测适合哪些检测对象？

第二部分　核设备泄漏检测操作技能

学习目标：

不同级别的学员可以通过本章的学习了解相应的操作知识并可运用到实际工作中。

初级工：能识别不同规格的标准漏孔和氦检漏探头，了解检漏设备的基本功能，能连接探头、气管、检漏设备并组成检漏系统；能正确启动检漏系统并核准系统的检测灵敏度，能操作检漏系统进行检漏工作。能识别和报告异常显示、填写检测记录并恢复检测场地。

中级工：能根据程序要求准备泄漏检测的设备和相关附件器材，能根据当前环境计算标准漏孔的标称值并检测检漏设备和检漏系统的灵敏度，能根据工作需要设置检漏设备的相关参数；能识别相关显示与非相关显示，并根据标准判定相关显示；能正确填写检测报告、维护仪器。

高级工：能根据工作需要编制泄漏检测工艺卡；能独立准备泄漏检测的设备和相关附件器材并确认其满足工作需要；能根据检漏系统的响应时间制定正确的检漏方案；能判断检漏系统的异常并按照程序处理泄漏检测过程中的异常情况；能评定缺陷、编制检测报告；能对初、中级人员的操作技能进行培训。

技师：能按工作需要选择正确的检漏方法并编制泄漏检测工艺卡/检测规程、编写设备校验程序；能熟练运用标准漏孔对检漏设备和检漏系统进行校准和标定，能处理检漏设备和检漏系统的故障；能分析检测结果的误差产生原因、对缺陷进行综合评定；能编写检测报告；能编制设备维护保养规程，编写初、中、高级人员培训教材；能讲授本专业理论知识和检测技能。

高级技师：能分析检漏设备和检漏系统故障的产生原因，制定相应的维护保养措施；能按照技术要求编制验收标准、能编制特殊检测对象的检漏方案和检漏规程；能对检漏过程进行质量分析、能编制作业指导书；能对缺陷进行综合评定，并能分析评价检测结果的可靠性、准确性；能准确编写检测报告；能进行新技术、新知识和新工艺的讲座。

第八章　真空罩气泡法泄漏检测操作

第一节　工作准备

一、照明条件准备

检漏环境的照明必须良好，检漏才能正常进行。尤其在作气泡检漏时，照明条件不好，较小的泄漏显示看不清楚，就很容易漏检。

二、清洗操作

清洗与烘干是检漏前的预备工作，一定要特别重视。被检件在检漏前表面黏附的水、油及其他杂质有可能堵塞漏孔，若不清洗疏通，检漏时可能漏检。清洗方法要根据被检件的表面状态、材料、污染程度来决定，一般对被检测部位要作溶剂除油清洗，常用汽油、丙酮、四氯化碳等擦洗，再用无水乙醇擦净。清洗用材料多为易燃物品，使用中注意防火。清洗用材料不应反复使用，否则其中的污物会造成二次污染。

清洗后的被检件应当置于干净的环境中自然干燥或者用洁净热空气进行烘干，以避免清洗剂残留堵塞漏孔而导致漏检。

三、设备与材料准备

真空罩气泡泄漏检测需要的设备材料主要有真空罩、真空压力表、真空泵、塑料导管、发泡剂、橡皮泥等。

四、表面条件和温度准备

待检表面应无锈蚀、油脂、异物或任何有碍于真空罩气泡泄漏检测试验的不平整状态。否则应予以修整。在检测过程中，被检件温度须在 5～50 ℃之间。在这个温度范围内，可以对被检件适当的加热或降温。

第二节　仪器调节

一、检测仪器和材料

在试验开始前需检测真空压力表标定是否合格，且在有效期内；检测使用的发泡剂，在使用前进行检定；还需要使用标准漏孔对发泡剂进行检定。

二、检测系统的组装和系统灵敏度鉴定

仪器和发泡剂检测合格后安装真空罩，连接真空泵，使用标准漏孔检测系统灵敏度。

第三节 操作步骤及要点

在完成仪器设备调节后，需按照以下步骤及要点进行检测操作：

（1）将测试部位四周清理干净，沿焊缝涂抹肥皂水；

（2）长型真空罩置于测试部位，阀门置于通位置；

（3）开启真空泵开始将测试部位抽真空，当真空表指针移动位置超过－0.04 MPa 即关闭阀门同时关闭真空泵电源；

（4）透过长型罩观察测试部位是否有气泡，从而找出漏点。测试标准请依据甲方要求或相关行业标准；

（5）完成测试，开启阀门置于通位置，上拉快速接头，从真空罩上取下真空表，拿起长型真空罩，将密封条浸肥皂液将测试处擦拭干净置于干燥箱内保存。

第九章　氦质谱充压吸枪泄漏检测操作

第一节　工作准备

一、通风换气

氦质谱检漏使用氦气作检漏示踪介质，假如作检漏的环境空间存在这种介质，就会对检漏造成干扰，严重时检漏就无法进行。所以要求检漏工作间具有一定的通风换气能力，保证检漏时环境空间的示踪介质本底要小到不影响检漏仪的正常工作。充压检漏完毕，被检件内的示踪气体不要直接排放到工作间内，应该用管路排放到检漏间外面较远处。盛装氦气的气瓶，管口处容易漏气，不要放在检漏工作间内，应放在相邻、通风良好的房间内。

二、设备准备

在检测实施前必须准备以下设备，以保证检测的正常操作：

(1) 氦质谱泄漏检测仪一台；

(2) 可调流量的吸枪一把及与泄漏检测仪相连的管道；

(3) 氦气瓶；

(4) 减压阀一只；

(5) 具有环焊缝和竖焊缝的被检容器一个，容积 20 L 左右，其上具有充气口及充气接头、充气管道以及与正压漏孔相连的接头；

(6) 焊缝上有一漏孔（位置不标示），漏率大于 10^{-6} Pa・m^3/s；

(7) 正压漏孔一支，其漏率已知为 Q_0 值是在一个表压的氦气下校准出来的并与焊缝上的漏孔漏率接近；

(8) 正压漏孔具有与被检容器相连的接头。

泄漏检测系统如图 9-1 所示。

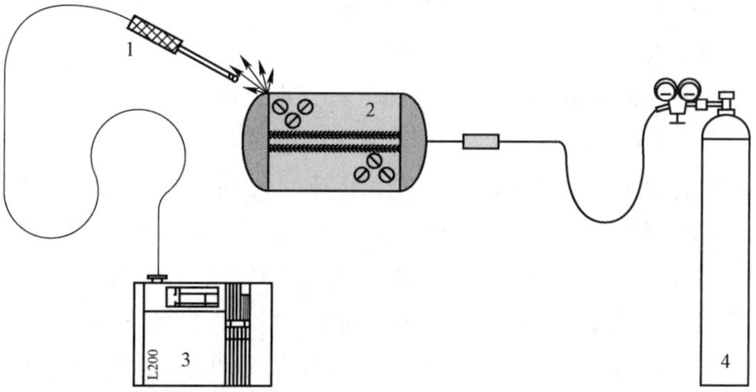

图 9-1　充压吸枪法泄漏检测检漏系统

第二节 仪器调节

一、氦质谱检漏仪的启动

不论是自动化的检漏仪还是手动的检漏仪，你都必须认真了解和掌握它的操作程序。对每一台检漏仪的操作说明书都要认真研读，全面理解和掌握。

1. 所需条件

氦质谱检漏仪一台、带阀门和氦室渗氦型标准漏孔（漏率 $10^{-10}\sim10^{-8}$ Pa·m^3/s）一支及与检漏仪检漏口相连的连接件。

2. 操作步骤及要点

（1）开机前检查电源是否符合要求，检查检漏仪上所有开关、旋钮是否在应处的关机位置。检查机械泵油位和油质是否符合要求；

（2）接通电源开启预抽泵。开机后如果发生机械泵逆转，应将机械泵三相电源中任意两相调换。

二、检漏仪最小可检漏率测试

1. 所需条件

为保证检漏仪处于良好的工作状态，需进行必要的测试，所需的测试条件如下：

（1）氦质谱泄漏检测仪一台；

（2）带阀门的渗氦型标准漏孔（漏率 $10^{-10}\sim10^{-8}$ Pa·m^3/s）一支，应具有与泄漏检测仪泄漏检测口相连接的接头；

（3）氦质谱泄漏检测仪一台；

（4）通道型标准漏孔（漏率 $10^{-9}\sim10^{-7}$ Pa·m^3/s 一支，应具有与泄漏检测仪泄漏检测口相连接的接头，标准漏孔进气端的管子应很短，使喷枪喷嘴能够方便地靠近漏气元件进口；

（5）喷枪一把；

（6）氦气瓶及氦气袋；

（7）秒表一只。

2. 校准操作

校准操作需按如下步骤进行。

（1）起动泄漏检测仪的前级泵和高真空泵，泄漏检测仪需用时使质谱室压力达到工作压力（一般为 5×10^{-2} Pa 左右）；

（2）开灯丝，调整泄漏检测仪各参数，调氦峰，使其处于最佳工作状态；

（3）将渗氦型标准漏孔（漏率已知为 $Q_0<10^{-7}$ Pa·m^3/s）与泄漏检测仪泄漏检测口相连，打开泄漏检测仪预抽系统及标准漏孔阀对标准漏孔出口端抽气，当压力低于 5 Pa 后打开泄漏检测阀使标准漏孔与质谱室连通，继续抽气使质谱室压力达到工作压力，测本底，关标准漏孔阀，当仪器输出指示稳定后读出仪器输出指示值即本底 I_0。测本底噪声

I_n。关标准漏孔阀，当仪器输出指示稳定后，读出仪器输出指示（即本底 I_0）在 2 min 内的最大变化值 ΔI_0，共测 10 次，取其平均值作为本底噪声 I_n 值，测试过程中偶尔出现的大的脉冲值可以略去不计。

（4）测标准漏孔的信号值 ΔI，打开标准漏孔阀，当仪器输出指示稳定后，读出仪器输出指示值，设为 I，那么标准漏孔的信号值 $\Delta I = I - I_0$。

（5）计算氦质谱泄漏检测仪最小可泄漏检测率 $Q_{\min}$：

信噪比取 I_0 其计算公式为：

$$Q_{\min} \leqslant \frac{I_n}{\Delta I} \cdot Q_0 = \frac{I_n}{(I - I_0)} \tag{9-1}$$

如果测试时的温度 T 与标准漏孔校准温度相差较大时，要对标准漏孔的漏率值 T_0 进行修正，即：

$$Q_T = Q_0 \cdot [1 + \alpha \cdot (T - T_0)] \tag{9-2}$$

三、检测仪反应时间的测试

1. 所需条件

为保证检漏仪处于良好的工作状态，需进行必要的测试，所需的测试条件如下：

（1）氦质谱泄漏检测仪一台；

（2）带阀门的渗氦型标准漏孔（漏率 $10^{-10} \sim 10^{-8}$ Pa・m^3/s）一支，应具有与泄漏检测仪泄漏检测口相连接的接头；

（3）氦质谱泄漏检测仪一台；

（4）通道型标准漏孔（漏率 $10^{-9} \sim 10^{-7}$ Pa・m^3/s）一支，应具有与泄漏检测仪泄漏检测口相连接的接头，标准漏孔进气端的管子应很短，使喷枪喷嘴能够方便地靠近漏气元件进口；

（5）吸枪一把；

（6）秒表一只。

2. 操作步骤

（1）启动泄漏检测仪的前级泵和高真空泵，加液氮（泄漏检测仪需用时），使质谱室压力达到工作压力（一般为 5×10^{-2} Pa 左右）；

（2）开灯丝，调整泄漏检测仪各参数，调氦峰，使其处于最佳工作状态；

（3）将标准漏孔与泄漏检测仪泄漏检测口相连，打开泄漏检测仪预抽系统对标准漏孔出口端抽气，当压力低于 5 Pa 后，打开泄漏检测阀使标准漏孔与质谱室连通，继续抽气使质谱室压力达到工作压力；

（4）测本底 I_0，在标准漏孔进气端未施氦的情况下，当仪器输出指示稳定后读出仪器输出指示值即本底 I_0；

（5）用喷枪向标准漏孔进气端喷吹氦气，当输出指示稳定后读出指示值 I，那么，标准漏孔的信号值 $\Delta I = I - I_0$；

（6）计算出相当于标准漏孔的信号值 ΔI 的 63%的仪器输出指示值 τ，即：

$$\tau = 0.63 \cdot (I - I_0) + T_0 \tag{9-3}$$

（7）停止喷氦，并清除标准漏孔进气端的氦气，使输出指示恢复至本底 I_0 值；

(8) 向标准漏孔进气端喷吹氦气并同时按下秒表开始计时，当输出指示上升到 r 值时停止计时，此时秒表记录的时间便为该泄漏检测仪的反应时间。

四、检漏仪清除时间的测试

1. 所需条件

(1) 氦质谱泄漏检测仪一台；

(2) 带阀门的渗氦型标准漏孔（漏率 $10^{-10} \sim 10^{-8}$ Pa·m³/s）一支，应具有与泄漏检测仪泄漏检测口相连接的接头；

(3) 氦质谱泄漏检测仪一台；

(4) 通道型标准漏孔（漏率 $10^{-9} \sim 10^{-7}$ Pa·m³/s）一支，应具有与泄漏检测仪泄漏检测口相连接的接头，标准漏孔进气端的管子应很短，使喷枪喷嘴能够方便地靠近漏气元件进口；

(5) 喷枪一把；

(6) 氦气瓶及氦气袋；

(7) 秒表一只。

2. 操作步骤

(1) 起动泄漏检测仪的前级泵和高真空泵，加液氮（泄漏检测仪需用时），使质谱室压力达到工作压力；

(2) 开灯丝，调整泄漏检测仪各参数，调氦峰，使其处于最佳工作状态；

(3) 将标准漏孔与泄漏检测仪泄漏检测口相连，打开泄漏检测仪预抽系统对标准漏孔出口端抽气，当压力低于 5 Pa 后打开泄漏检测阀使标准漏孔与质谱室连通，继续抽气使质谱室压力达到工作压力；

(4) 测本底 I_0。在标准漏孔进气堆未施氦的情况下，当仪器输出指示稳定后读出仪器输出指示值即本底 I_0；

(5) 用喷枪向标准漏孔进气端喷吹氦气，当输出指示稳定后读出指示值 I，那么标准漏孔的信号值 $\Delta I = I - I_0$；

(6) 计算出相当于标准漏孔的信号值 ΔI_0 的 37%的仪器输出指示值 I，即：

$$I = 0.37 \cdot (I - I_0) + I_0 \tag{9-4}$$

(7) 标准漏孔进气端停止喷吹氦气并同时按下秒表开始计时，当指示下降 I 值时停止计时，此时秒表记录的时间便为该泄漏检测仪的清除时间。

第三节　操作步骤

在完成仪器设备调节后，需按照以下步骤及要点进行检测操作：

(1) 将被检容器与氦气瓶及正压漏孔连好，充入一个表压的氦气（浓度约 50%）；

(2) 将吸枪与泄漏检测仪连好，起动泄漏检测仪，调整好检漏仪的参数使其处于泄漏检测状态。调好吸枪流量，用吸枪对被检容器进行泄漏检测；

(3) 从下往上检竖焊缝；

(4) 吸枪的移动速度不能太快，吸枪与被检表面的距离（5 mm 以内）不能太大；

(5) 泄漏检测仪输出指示一旦上升，要立即将吸枪移开，待输出指示下降后再吸，观察输出指示是否再次上升，要反复多次以验证是否真正有漏。一旦发现漏孔，要立即记下泄漏检测仪输出指示变化值 I。并在漏孔的位置旁做上明显的标记后再继续进行泄漏检测；

(6) 将吸枪对准正压漏孔，记下泄漏检测仪输出指示变化值，这样，检出漏孔的漏率 Q 便可以通过下式计算出来。

$$Q=\frac{I}{I_0}\cdot Q_0 \tag{9-5}$$

第十章　氦质谱喷氦泄漏检测操作

第一节　工作准备

在检测实施前必须准备以下设备，以保证检测的正常操作：

(1) 氦质谱泄漏检测仪一台；

(2) 通道型标准漏孔（漏率 $10^{-9} \sim 10^{-7}$ Pa・m³/s）一支，应具有与被检容器相连接的接头；

(3) 喷枪一把；

(4) 氦气袋一个；

(5) 具有环焊缝和竖焊缝的被检容器一个，容积大于 100 L；其上具有与标准漏孔、辅助泵及泄漏检测仪相连的接头及管道，焊缝上有一漏孔（位置不标示，漏率在 $10^{-9} \sim 10^{-7}$ Pa・m³/s 之间并事先标定）；

(6) 辅助泵（机械泵，抽速 1 L/s）一台；

(7) 低真空阀一个。

第二节　仪器调节

一、检测仪反应时间的测试

1. 所需条件

(1) 氦质谱泄漏检测仪一台；

(2) 带阀门的渗氦型标准漏孔（漏率 $10^{-10} \sim 10^{-8}$ Pa・m³/s）一支，应具有与泄漏检测仪泄漏检测口相连接的接头；

(3) 氦质谱泄漏检测仪一台；

(4) 通道型标准漏孔（漏率 $10^{-9} \sim 10^{-7}$ Pa.m³/s）一支，应具有与泄漏检测仪泄漏检测口相连接的接头，标准漏孔进气端的管子应很短，使喷枪喷嘴能够方便地靠近漏气元件进口；

(5) 喷枪一把；

(6) 氦气瓶及氦气袋；

(7) 秒表一只。

2. 操作步骤

(1) 起动泄漏检测仪的前级泵和高真空泵，加液氮（泄漏检测仪需用时），使质谱室压力达到工作压力（一般为 5×10^{-2} Pa 左右）；

（2）开灯丝，调整泄漏检测仪各参数，调氦峰，使其处于最佳工作状态；

（3）将标准漏孔与泄漏检测仪泄漏检测口相连，打开泄漏检测仪预抽系统对标准漏孔出口端抽气，当压力低于 5 Pa 后，打开泄漏检测阀使标准漏孔与质谱室连通，继续抽气使质谱室压力达到工作压力；

（4）测本底 I_0，在标准漏孔进气端未施氦的情况下，当仪器输出指示稳定后读出仪器输出指示值即本底 I_0；

（5）用喷枪向标准漏孔进气端喷吹氦气，当输出指示稳定后读出指示值 I，那么，标准漏孔的信号值 $\Delta I=I-I_0$；

（6）计算出相当于标准漏孔的信号值 ΔI 的 63％的仪器输出指示值 τ 即：

$$\tau=0.63\cdot(I-I_0)+I_0 \tag{10-1}$$

式中：I——喷氦后质谱仪输出指示稳定后读出指示值；

I_0——氦质谱仪本底值；

τ——氦质谱仪反应时间。

（7）停止喷氦，并清除标准漏孔进气端的氦气，使输出指示恢复至本底 I_0 值；

（8）向标准漏孔进气端喷吹氦气并同时按下秒表开始计时，当输出指示上升到 τ 值时停止计时，此时秒表记录的时间便为该泄漏检测仪的反应时间。

二、检漏仪清除时间的测试

1. 所需条件

（1）氦质谱泄漏检测仪一台；

（2）带阀门的渗氦型标准漏孔（漏率 $10^{-10}\sim10^{-8}$ Pa·m³/s）一支，应具有与泄漏检测仪泄漏检测口相连接的接头；

（3）氦质谱泄漏检测仪一台；

（4）通道型标准漏孔（漏率 $10^{-9}\sim10^{-7}$ Pa·m³/s）一支，应具有与泄漏检测仪泄漏检测口相连接的接头，标准漏孔进气端的管子应很短，使喷枪喷嘴能够方便地靠近漏气元件进口；

（5）喷枪一把；

（6）氦气瓶及氦气袋；

（7）秒表一只。

2. 操作步骤

（1）起动泄漏检测仪的前级泵和高真空泵，加液氮（泄漏检测仪需用时），使质谱室压力达到工作压力；

（2）开灯丝，调整泄漏检测仪各参数，调氦峰，使其处于最佳工作状态；

（3）将标准漏孔与泄漏检测仪泄漏检测口相连，打开泄漏检测仪预抽系统对标准漏孔出口端抽气，当压力低于 5 Pa 后打开泄漏检测阀使标准漏孔与质谱室连通，继续抽气使质谱室压力达到工作压力；

（4）测本底 I_0，在标准漏孔进气端未施氦的情况下，当仪器输出指示稳定后读出仪器输出指示值即本底 I_0；

(5) 用喷枪向标准漏孔进气端喷吹氦气，当输出指示稳定后读出指示值 I，那么标准漏孔的信号值 $\Delta I = I - I_0$；

(6) 计算出相当于标准漏孔的信号值 ΔI_0 的37%的仪器输出指示值 I，即：

$$I = 0.37(I - I_0) + T_0 \tag{10-2}$$

标准漏孔进气端停止喷吹氦气并同时按下秒表开始计时出指示下降 I 值时停止计时，此时秒表记录的时间便为该泄漏检测仪的清除时间。

第三节　操作步骤及要点

在完成仪器设备调节后，需按照以下步骤及要点进行检测操作：

(1) 将被检容器与检漏系统连接好，将标准漏孔接在被检容器远离泄漏检测仪的位置上；

(2) 起动泄漏检测仪，调整好泄漏检测仪的参数使其处于泄漏检测状态；

(3) 开辅助泵及辅助阀，将被检容器抽至低真空 (5 Pa 以下)；

(4) 打开泄漏检测仪的泄漏检测阀使泄漏检测仪质谱室与被检容器连通；

(5) 以泄漏检测仪能正常工作为度，尽量关小辅助阀；

(6) 当仪器输出指示值为稳定值，该值为本底 I_0；

(7) 对标准漏孔喷吹氦气，当仪器输出指示稳定后记下其稳定值 I_1，$(I_1 - I_0)$ 值为标准漏孔信号值；

(8) 用喷枪对标准漏孔喷吹氦气，确定泄漏检测系统的反应时间；

(9) 关闭标准漏孔阀，使仪器输出指示恢复至本底值 I_0；

(10) 用喷吹法对被检容器进行泄漏检测，要做到检测焊缝时要从上往下检。检水平焊缝时要由近而远检 (相对于泄漏检测仪位置)；

(11) 喷枪的移动速度要由反应时间来确定，不能太快。喷枪离被检表面的距离不能太大 (5 mm 以内)；

(12) 泄漏检测仪输出指示一旦上升，要立即将喷枪移开，待输出指示下降后再喷，观察输出指示是否再次上升，要反复多次以验证是否真正有漏；

(13) 一旦发现漏孔，要在漏孔的位置旁作上明显的标记，当仪器输出指示稳定后记下其稳定值 I_2，$(I_2 - I_0)$ 值为漏孔产生的漏气信号；

(14) 利用下面公式计算被检出的漏孔的漏率 Q：

$$Q = \frac{(I_2 - I_0)}{(I_1 - I_0)} \cdot Q_0 \tag{10-3}$$

第三部分　核燃料元件泄漏检测操作技能

学习目标：

通过本节学习，使学员掌握核燃料元件燃料棒的充压法、压氦法和高温烘干氦质谱泄漏检测方法，不同级别的学员可以通过本章的学习了解相应的操作知识并可运用到实际工作中。

初级工：掌握燃料棒充压法氦质谱检漏操作，能识别不同规格的标准漏孔和氦检漏探头，了解检漏设备的基本功能，能连接探头、气管、检漏设备并组成检漏系统；能正确启动检漏系统并核准系统的检测灵敏度，能操作检漏系统进行检漏工作。能识别和报告异常显示、填写检测记录并恢复检测场地。

中级工：掌握燃料棒充压法氦质谱检漏操作和压氦法氦质谱检漏操作，能根据程序要求准备泄漏检测的设备和相关附件器材，能根据当前环境计算标准漏孔的标称值并检测检漏设备和检漏系统的灵敏度，能根据工作需要设置检漏设备的相关参数；能识别相关显示与非相关显示，并根据标准判定相关显示；能正确填写检测报告、维护仪器。编制检测工艺卡。

高级工：掌握燃料棒充压法氦质谱检漏、压氦法氦质谱检漏操作以及高温加热氦质谱检漏操作，能根据工作需要编制泄漏检测工艺卡和检测报告；能独立准备泄漏检测的设备和相关附件器材并确认其满足工作需要；能根据检漏系统的响应时间制定正确的检漏方案；能判断检漏系统的异常并按照程序处理泄漏检测过程中的异常情况；能评定缺陷、编制检测报告；能对初、中级人员的操作技能进行培训。

技师：能按工作需要选择正确的检漏方法并编制泄漏检测工艺卡/检测规程、编写设备校验程序；能熟练运用标准漏孔对检漏设备和检漏系统进行校准和标定，能处理检漏设备和检漏系统的故障；能分析检测结果的误差产生原因、对缺陷进行综合评定；能编写检测报告；能编制设备维护保养规程，编写初、中、高级人员培训教材；能讲授本专业理论知识和检测技能。

高级技师：能分析检漏设备和检漏系统故障的产生原因，制定相应的维护保养措施；掌握检测标准和检测规范的编制，能按照技术要求编制验收标准、能编制特殊检测对象的检漏方案和检漏规程；能对检漏过程进行质量分析、能编制作业指导书；能对缺陷进行综合评定，并能分析评价检测结果的可靠性、准确性；能准确编写检测报告；能进行新技术、新知识和新工艺的讲座。

第十一章　燃料棒泄漏检测操作技能

燃料棒在焊接密封焊点之前先充入棒内一定压力的氦气，氦气一方面作为焊接过程的保护气体，还有一个重要的作用就是为燃料棒的氦质谱检漏提供了示漏气体。燃料棒上端充氦密封焊后要对上端环焊缝、密封焊点进行 X 射线检测，X 射线检测工艺由于受检测灵敏度的限制对焊缝中的漏孔（Φ0.20 mm 以下）缺陷无法检出，特别是燃料棒技术条件要求的 1.013×10^{-9} Pa·m^3·s^{-1}漏率（AFA3 G 组件）的漏孔缺陷无法检出。所以燃料棒的氦质谱检漏是燃料元件制造过程中非常重要的无损检测工艺。目前泄漏检测包括充压法氦检漏，压氦法氦检漏，高温烘干氦检漏等几种方法。

第一节　燃料棒充压法氦质谱检漏操作

一、燃料棒充压法氦质谱检漏

燃料棒上端密封焊点的焊接采用氦弧焊。密封焊点焊接之前燃料棒内抽真空，然后充入 2.0 MPa 左右的纯氦气，氦气既是焊接的保护气体，又是氦质谱检漏的示踪气体。燃料棒的技术条件要求（AFA3G 组件）氦气泄漏率不得≥1.013×10^{-9} Pa·m^3/s。对于这种漏率非常小的漏孔缺陷，采用氦质谱检漏来检测燃料棒的密封性。

二、检漏器材的准备

1. 标准漏孔

标准漏孔是人工制造的具有已知恒定漏率的装置。燃料棒氦质谱检漏使用的是薄膜渗氦型标准漏孔。要求使用的漏孔漏率与燃料棒检漏技术条件允许的漏率同数量级。检漏系统需要使用两个检定合格的标准漏孔。

2. 氦质谱检漏仪

燃料棒氦质谱检漏使用的检漏仪要求其灵敏度优于 1×10^{-11} Pa·m^3/s，目前使用的氦质谱检漏仪是 ZP-40 型检漏仪。

3. 其他设备及器材

（1）检漏装置系统，检漏容器的极限真空度应达到 1×10^{-3} Pa；

（2）秒表或者计时器；

（3）氮气；

（4）液氮。

三、检漏参数

标准漏孔的漏率：以检定的结果作为标准漏孔的标称漏率。

(1) 系统抽空时间：≤60 min；
(2) 检漏起始真空：优于 9×10^{-3} Pa；
(3) 检漏停止真空：优于 0.6 Pa；
(4) 检漏测量时间：300±5 s；
(5) 有效检漏时间：40 d；
(6) 系统本底值上限：鉴定过程测量取得；
(7) 一次检漏允许燃料棒数量：≤132 支；
(8) 燃料棒判废漏率 *SPL*：1.013×10^{-9} Pa·m³/s（AFA3G 产品技术条件要求）；
(9) 判废输出值 *RL*：通过鉴定过程测量取得。

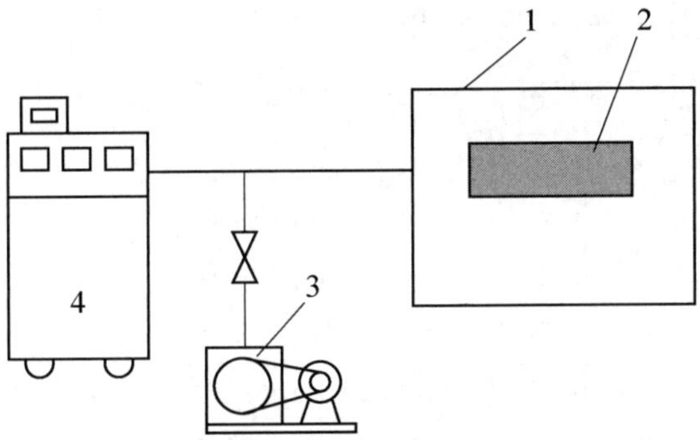

图 11-1　充压法检漏示意图
1—检漏容器；2—燃料元件；3—真空泵机组；4—检漏仪

四、检测步骤

(1) 操作前检查所有设备是否有异常，检查使用的计量器具标准漏孔、真空计、压力表等应检定合格并在有效期内；

(2) 按照设备操作规程开启检漏仪和检漏机组，调整检漏仪使检漏仪进入工作状态，对检漏机组的容器用分子泵抽真空；

(3) 当检漏容器真空度达到参数卡的要求时，接通检漏仪与容器的连接阀，分别测量容器上的两个标准漏孔 F_1、F_2（两个标准漏孔分别记为 F_1、F_2）输出值，输出值是否在参数卡规定的范围内，如果超出范围，调节校准旋钮使输出值达到参数卡规定的范围；

(4) 测量容器的本底，确保仪器正常；

(5) 切断仪器与容器之间的连接阀，向容器内注入一个标准大气压的氦气；

(6) 打开容器门，把装有最多不超过参数卡规定的最大检漏数量的燃料棒料盒推入容器，关闭容器门，对容器抽真空，抽真空时间不小于参数卡规定的时间；

(7) 当容器的真空度达到参数卡的要求时，打开连接检漏容器与检漏仪的阀门，开始检漏，按照参数卡的要求测量燃料棒的泄漏输出值，在参数卡规定的测量时间内测量输出值；

(8) 记录输出值，输出值与参数卡规定的允许漏率 *RL* 值比较，如果低于参数卡的要求，则燃料棒合格，切断仪器与容器之间的连结阀，容器放气，把燃料棒料盒拉出容器，装入下一批燃料棒，重复（5）到（8）步骤进行下一批棒的检漏；

（9）如果输出值等于或高于参数卡规定的数值，重新进行检测，如果再次不合格，则采用对分法检测找出泄漏燃料棒；

（10）工作结束后，按照设备操作规程关闭分子泵，扩散泵冷却半小时，关闭机械泵，关检漏仪，关总控制柜。

五、燃料棒泄漏率判废值的确定

1. 燃料棒泄漏率判废值的确定

对于检测燃料棒的判废输出值是计算值，检测输出值是标准漏孔在一年的校准周期内根据技术条件的要求计算出来，公式如下：

$$RL=\frac{S_2-S_1}{F_2-F_1}\times SPL+B-3\delta \tag{11-1}$$

式中：RL——燃料棒泄漏输出判废值，单位为 $Pa\cdot m^3/s$；

S_1——标准漏孔 F_1 输出平均指示值，单位为 $Pa\cdot m^3/s$；

S_2——标准漏孔 F_2 输出平均指示值，单位为 $Pa\cdot m^3/s$；

F_1——标准漏孔 F_1 标称漏率，单位为 $Pa\cdot m^3/s$；

F_2——标准漏孔 F_2 标称漏率，单位为 $Pa\cdot m^3/s$；

SPL——燃料棒技术条件给定的允许漏率，单位为 $Pa\cdot m^3/s$；

B——检漏系统的本底信号平均输出值，单位为 $Pa\cdot m^3/s$；

δ——标准偏差，计算公式如下：

$$\delta=\sqrt{\frac{\delta_1^2+\delta_2^2}{2}} \tag{11-2}$$

式中：δ_1——输出指示值的标准偏差，单位为 $Pa\cdot m^3/s$；

δ_2——输出指示值的标准偏差，单位为 $Pa\cdot m^3/s$。

2. 校准漏孔的控制范围

$$S'=S\pm 3\delta \tag{11-3}$$

式中：S'——标准漏孔校准控制范围，单位为 $Pa\cdot m^3/s$；

S——标准漏孔输出指示平均值，单位为 $Pa\cdot m^3/s$；

δ——标准漏孔输出指示值标准偏差，单位为 $Pa\cdot m^3/s$。

3. 燃料棒充压法氦质谱检测验收标准

借助于标准漏孔可以将判废的阈值确定下来，即将泄漏率超过 $1.013\times10^{-9}\ Pa\cdot m^3/s$ 的燃料棒予以判废。如果泄漏率超过判废限的时候，采用对分法检漏找到泄漏的燃料棒。

六、压氦法氦质谱检漏

1. 压氦法氦质谱检漏

在燃料棒生产工艺中，如果燃料棒经充氦密封焊后到氦质谱检漏的工艺间隔时间大于最长泄漏时间，燃料棒进行压氦法检漏。压氦法检漏首先在容器中对燃料棒进行压氦，压氦后燃料棒经过净化然后再进行常规检漏。

2. 燃料棒的最长泄漏时间

燃料棒的最长泄漏时间是指制造完成的燃料棒包壳管和端塞存在穿透性缺陷时，自充氦焊接后到氦质谱检漏时能探测到泄漏率判废值止所经历的时间。在技术条件中规定了燃料棒的最长泄漏时间，如果在规定的时间内没有进行氦质谱检漏，则燃料棒超过了最长泄漏时间，必须经过压氦法检漏，并在 96 h 内完成检漏。

3. 检测器材的准备

(1) 99.995%纯度氦气；

(2) 标准漏孔两个（漏率与燃料棒检漏技术条件允许的漏率同数量级）；

(3) 氦质谱检漏仪（灵敏度优于 1×10^{-11} Pa·m^3/s）；

(4) 液氮；

(5) 压氦装置；

(6) 吹风机或风扇；

(7) 检漏装置。

4. 检测参数

(1) 压氦起始真空：真空达到 0.01 MPa；

(2) 压氦时间：≥30 min；

(3) 浸氦压力：≥0.17 MPa；

(4) 标准漏孔的漏率：以检定的结果作为标准漏孔的标称漏率；

(5) 检漏系统抽空时间：≤60 min；

(6) 检漏起始真空：优于 9×10^{-3} Pa；

(7) 检漏停止真空：优于 0.6 Pa；

(8) 检漏测量时间：300±5 s；

(9) 燃料棒判废漏率 *SPL*：1.013×10^{-9} Pa·m^3/s；

(10) 有效检漏时间：96 h；

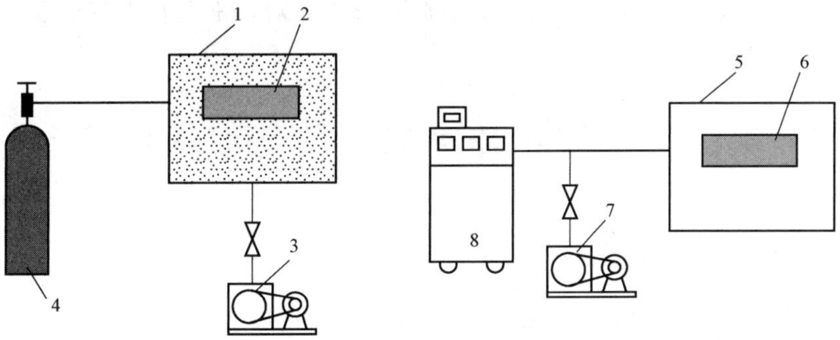

图 11-2　压氦法检漏示意图

1—压氦容器；2—装有燃料元件的料盒；3—机械泵；4—氦气瓶；
5—检漏容器；6—压氦后的料盒；7—真空泵；8—检漏仪

(11) 系统本底值上限：鉴定过程测量取得；

(12) 判废输出值 RL：鉴定过程测量取得；

(13) 一次检漏允许最大燃料棒数量：132 支。

5. 压氦步骤

(1) 按照设备操作规程开启压氦装置，开机械泵；

(2) 打开容器盖，将需要压氦的元件装入容器内，关闭端盖，使用机械泵对容器抽真空，待容器的真空达到参数卡的要求，断开机械泵与容器的连接；

(3) 按照参数卡要求向容器内充入规定压力的氦气，充氦压力不低于参数卡要求，按照参数卡中的压氦时间保持氦压；

(4) 按照参数卡规定的时间保持氦压，保持氦压时间结束后，关闭充氦阀，打开排氦阀，开放气阀，打开容器盖，取出元件；

(5) 取出后的元件必须静置超过 8 h 或者用电吹风吹拂至少 30 min。

6. 压氦后检漏

(1) 静置结束后燃料棒转入充压法检漏容器中；

(2) 燃料棒在压氦结束后按照充压法的检漏步骤进行燃料棒的检漏，并在 96 h 内完成氦质谱检漏；

(3) 工作结束后，关闭压氦设备，关闭检漏系统和氦质谱仪，关水、电、气。

七、故障处理及缺陷棒处理

在每天检测的开始时，对两个标准漏孔测量输出值。在检漏过程中仍然要进行两个标准漏孔的测量来验证测量过程中检漏系统的正常，所有的测量在检测记录中记录。检测记录中还应记录被检测燃料棒的信息，标准漏孔的编号及标称漏率，燃料棒的判废限值，燃料棒的泄漏输出值，标准漏孔的输出值，检漏系统本底输出值，检测人员的签名及日期。

最后核实燃料棒氦检漏记录卡与来料元件是否相符，在记录本上记录燃料棒标示号，检漏合格的数量。并在中控系统中做好记录。检漏不合格的燃料棒应进行标识，并进行隔离。

处理检漏仪和检漏装置出现的故障，故障排除后应对标准漏孔进行校准，并对故障前一批燃料棒重新检漏。

第二节 燃料棒高温烘干氦质谱检漏

一、燃料棒高温烘干氦质谱检漏

VVER 燃料棒的端塞焊接工艺是压力电阻焊，焊接后需要泄漏检测焊接质量，泄漏检测需要使用耦合剂，检测后的燃料棒上有耦合剂的粘附，所以燃料棒需要高温烘干后进行氦质谱检漏。

二、检漏器材和设备

(1) 标准漏孔两个（漏率与燃料棒检漏技术条件允许的漏率同数量级）；

(2) 氦质谱检漏仪（灵敏度优于 1×10^{-11} Pa·m^3/s）；
(3) 液氮；
(4) 检漏装置；
(5) 加热装置；
(6) 氩气；
(7) 氩气冷却装置；
(8) 石棉手套；
(9) 秒表或计时器；
(10) 吊具。

三、检漏参数

(1) 标准漏孔的漏率：以检定的结果作为标准漏孔的标称漏率；
(2) 启动加热时系统的真空度：大于 5×10^{-3} Pa；
(3) 燃料棒真空烘干温度：160～260 ℃；
(4) 真空烘干时间：≥150 min；
(5) 燃料棒检测温度：≥120 ℃；
(6) 检漏测量时间：240 s；
(7) 燃料棒出炉温度：低于 60 ℃；
(8) 燃料棒允许漏率：5.0×10^{-10} Pa·m^3/s；
(9) 有效检漏时间：7 d。

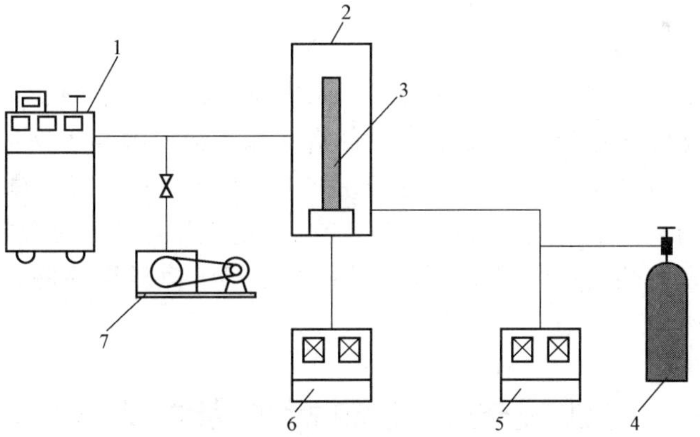

图 11-3　燃料棒高温烘干检漏示意图

1—检漏仪；2—检漏容器；3—待检元件；4—氩气；5—冷却装置；6—加热装置；7—真空设备

四、检漏步骤

(1) 操作前检查所有设备是否有异常；检查使用的计量器具标准漏孔、真空计、压力表等应检定合格并在有效期内；开启水电气、排风、和真空计；检查待检燃料棒的外观是否存在异常，检查燃料棒的数量和状态是否与流通卡一致。

(2) 按照设备操作规程开启检漏仪和检漏机组，对检漏机组的扩散泵预热 60 min，用机械泵对容器预抽真空，当容器真空低于 5 Pa 时，用扩散泵对容器抽高真空。

（3）当容器真空达到参数卡要求时，可接通仪器与容器的连结阀，分别测量容器上的两个标准漏孔 F_1、F_2，输出值达到参数卡规定的范围，如果超出范围，调节校准旋钮使 F_1 或 F_2 输出值达到参数卡的要求。

（4）测量容器的本底值，确保仪器的密封性能，可以进行检漏。

（5）切断仪器与容器之间的连结阀，将燃料棒装入检漏专用元件存放架上，存放架最多装 330 支燃料棒，向容器内注入一个大气压的氮气（或干燥的空气），打开容器门，利用行车将装有待检燃料棒的存放架放入容器内，密封容器。

（6）对容器抽真空，当容器的真空值达到 5×10^{-3} Pa，启动加热装置，燃料棒在 160～260 ℃的温度下真空烘干外表面至少 2.5 h。

（7）烘干结束后断开加热，在炉温大于等于 120 ℃的时候打开连接检漏容器和质谱室的阀门，按照参数卡的要求进行检漏测量。记录测量输出值。

（8）测量结束后，关闭连接检漏容器和质谱室阀门，充入氩气进行冷却搅拌，启动冷却装置进行冷却。当燃料棒的温度低于 60 ℃时，打开检漏容器，用行车转移燃料棒存放架。

（9）燃料元件检漏输出测量值与参数卡规定的允许漏率值进行比较，不超过允许漏率，燃料棒合格。

（10）检漏结束后，关闭高真空阀和检漏阀，按下扩散泵电源的“停止”按钮关闭扩散泵，扩散泵油温冷了后关闭机械泵。关闭检漏仪。最后关闭电源开关，关水、电、气。清理工作现场。

五、记录及其他

检测过程中测量的数据按照记录的格式记录完整。测量的燃料棒泄漏输出值，如果低于参数卡规定的允许泄漏输出值，则燃料棒合格。如果输出值高于参数卡规定的允许泄漏输出值，可以擦拭后或者更换元件槽后重新进行检测，如果重新检测合格，则燃料棒合格，如果重新检测仍然高于允许泄漏输出值，允许在室温下采用对分法检漏找出缺陷棒。如果燃料棒在焊接完上端塞后超过 7 d 没有进行高温烘干氦质谱检漏，燃料棒需要在常温下进行压氦检漏。

第三节　检测报告、检测标准及检测规范的编制

检测报告首先满足送检方的要求。报告中至少包含检测元件的名称和序号，检测依据的规程和检测标准的名称和编号，检测使用的方法和检测使用的主要设备，检测设备的状态是否在有效期内，检测使用的标准漏孔的型号、编号、漏率值及鉴定有效日期，描述主要检测过程，检测漏率及结论。最后注明检测日期，检测人员及资质。

根据燃料棒的氦检漏检测标准和检测规范，编制其他送检产品的氦检漏检测标准和检测规范。

参考文献

[1]《泄漏检测》. NDT 全国特种设备无损检测人员资格考核统编教材. 2 版. 北京：中国劳动保障出版社，2008.